高等院校艺术设计类专业产教融合系列教材
丛书总主编　梁瑞雄　副总主编　吴立平　李 炳　刘亚军

PHOTOSHOP
从入门到基础项目化实战教程

主 编　刘少伟　何继业

同济大学出版社
TONGJI UNIVERSITY PRESS
·上海·

内容提要

《Photoshop从入门到基础项目化实战教程》是一本针对艺术设计类专业学生的图像处理与设计项目化实战教材，以Adobe Photoshop软件为操作环境，重点培养学生的图形处理应用能力和效果后期处理能力，结合基础讲解与项目实践，帮助读者快速掌握核心技能。教材主要分为九个章节，分别为认识Photoshop、认识图层的应用、认识选择工具组应用、认识装饰工具组应用、认识造型工具组应用、认识通道与蒙版应用、认识滤镜的应用、认识图像色彩和色调的调整和综合项目实战。

本教材突出“学练结合”的实战项目和产教融合教学模式，每章配备课堂实战与课后实战，并提供配套素材和微课视频资源，适合应用型高等院校设计类专业师生、职业培训人员或自学者使用。

图书在版编目（CIP）数据

Photoshop 从入门到基础项目化实战教程 / 刘少伟，何继业主编 . -- 上海：同济大学出版社，2025. 7.

ISBN 978-7-5765-1680-7

Ⅰ. TP391.413

中国国家版本馆 CIP 数据核字第 20254F80A0 号

Photoshop从入门到基础项目化实战教程

主　编　刘少伟　何继业

策划编辑　府晓辉　**责任编辑**　戴如月　**责任校对**　徐逢乔　**封面设计**　潘向蓁

出版发行　同济大学出版社　www.tongjipress.com.cn

（地址：上海市四平路1239号　邮编：200092　电话：021-65985622）

经　销　全国各地新华书店

排　版　北京华艺世纪缘科技发展有限公司

印　刷　上海叶大印务发展有限公司

开　本　889mm × 1194mm　1/16

印　张　13.5

字　数　318 000

版　次　2025年7月第1版

印　次　2025年7月第1次印刷

书　号　ISBN 978-7-5765-1680-7

定　价　58.00 元

总　序

在数字经济与创意产业蓬勃发展的时代背景下，艺术设计教育正面临前所未有的机遇与挑战。如何打破传统教学中理论与实践的壁垒，培养既具备审美素养又掌握产业需求的高素质设计人才，成为高校艺术设计教育改革的核心命题。本套“高等院校艺术设计类专业产教融合系列教材”的编写，正是对这一命题的深度回应。

艺术设计本质上是一门实践性学科，其生命力源于对现实需求的创造性解决。近年来，随着文化创意产业升级、数字技术革新以及消费场景多元化转型，行业对设计人才的能力要求已从单一技能转向“审美力 + 技术力 + 商业力”的复合型标准，这意味着艺术设计类专业的教材开发势必需要与产业形成更深的联系。本套系列教材以《国务院办公厅关于深化产教融合的若干意见》为指导，联合 20 余家头部设计企业、行业协会，涉及行业包括服装、广告、包装印刷、装饰设计等，与高校专家学者共同开发，将行业和企业的真实项目案例、行业技术标准与前沿设计方法论融入教学体系，构建“课堂—设计工作室—企业”的三维培养路径，也是广东科技学院艺术设计学院多年来的教学成果经验积累。

本套系列教材的开发有以下几方面特点：

1. 真实项目驱动。每本教材都融入了多个典型产业项目作为单元载体，如平面图案设计、品牌视觉升级、智能产品界面设计、沉浸式空间策划等，学生可通过完整参与从需求分析到成果落地的全流程，掌握行业工作逻辑。

2. 校企双元架构。教材的理论章节部分由高校教授、副教授等学界专家撰写，确保学科系统性；实践模块由企业总监、设计师参与编写，引入行业企业最新设计理念及行业企业设计标准、设计素材等，注重实战经验的积累。

3. 数字化资源延伸。本套系列教材配备电子教学资料，可供使用者更便捷地获取更多网络教学资源，如教学视频、可编辑设计资源、行业最新设计标准，满足混合式教学需求。

本套系列教材的出版得到了广东省内各兄弟院校艺术设计类专业的支持，以及广州市腾春服饰有限公司、东莞市名绣文化传播有限公司、广州晓创意文化传播有限公司、壹零叁零（深圳）文化创意有限公司、深圳市御融装饰设计有限公司等合作企业的实践赋能。我们期待通过这套动态更新的系列教材，推动设计教育从“纸上谈兵”走向“真枪实弹”，为国内设计创意产业的发展输送更多应用创新型人才。

高等院校艺术设计类专业产教融合系列教材总主编

前　言

Photoshop，简称“PS”，是Adobe公司开发和发行的图像处理软件，该软件凭借其卓越的图像处理能力，在数字创意领域占据重要地位。软件集图像编辑、图形设计、数字绘画等多项功能于一体，被广泛应用于平面视觉设计、建筑环境设计、摄影后期制作等多个专业领域。随着数字媒体产业的快速发展，掌握Photoshop操作技能已成为设计从业者的必备素质。在应用型技能人才培养体系中，Photoshop课程已成为数字艺术教育的重要组成部分，其标准化的工作流程和强大的功能配置，为学习者提供了实现创意构思的专业平台，有效提升了其在就业市场中的核心竞争力。

本教材立足于项目化实践应用，全面系统地介绍了Photoshop软件的功能和应用技巧，旨在培养学生熟练运用软件工具的能力，同时提升其数字图像处理与视觉创意表现的专业素养，为其未来在数字创意领域的职业发展奠定坚实基础。

教材特色

1. 三位一体，育人理念

党的二十大报告指出，“育人的根本在于立德”。本书着力培养学生的家国情怀、责任担当、职业操守和道德修养，帮助其树立正确的价值取向，明确时代使命。这种教学设计既体现了课程思政的育人功能，又与培养德才兼备的时代新人的教育目标相契合，为学生成长为社会主义建设者和接班人奠定坚实基础。

2. 产教融合，知行合一

本教材的编写团队由具有丰富教学经验的高校教师和资深行业专家共同组成，确保了内容的专业性和实用性。教材选用真实项目实践案例，践行理论与实践相结合的教学设计，这种教学模式不仅注重培养学生的职业素养和实践能力，还能有效缩短学校教育与企业需求之间的距离，为学生未来的职业发展指明方向，奠定基础。

3. 创新模式，实践导向

本教材秉持“理论以够用为度，实践第一”的原则，创新性地采用项目化教学模式。教材编写以学生为中心，通过“项目导入—任务实施—成果评估”的完整教学闭环，构建沉浸式学习体验。每个教学单元均设有针对性的实训任务和考核环节，使学生在完成实际案例的过程中，逐步巩固理论知识，提升专业技能。这种以实践为驱动的教学设计，不仅强化了知识的应用转化，更有效培养了学生的实践操作能力和问题解决能力。

4. 数字赋能，智慧学习

案例素材包

本教材深度融合“互联网 + 教育”理念，创新性地构建了立体化学习资源体系。学习者可通过移动终端扫描教材中的二维码，便捷获取配套的数字化教学资源，包括微课视频、案例分析等多媒体内容（案例素材包见二维码）。这种线上线下相结合的混合式学习模式，不仅突破了传统课堂的时空限制，更为学生提供了个性化的学习路径，有效提升了学习效果，实现了教学资源的优化配置和学习效率的显著提升。

教材编写团队

本教材由刘少伟、何继业担任主编，谭远龙、王贞、朱丽颖、钟飞凤担任副主编，钟咏冰、黎乐、王佳毅、林宇琼担任参编。由于编者水平有限，教材中难免存在不足之处，恳请各位专家、读者不吝赐教，提出宝贵意见，以便我们在后续修订中不断完善。

编者

2025 年 6 月

目　录

第一章
认识 Photoshop

微课 1　认识 Photoshop

■ 本章导读

本章主要介绍 Photoshop 的基础知识，包括应用领域、位图和矢量图、分辨率、图像的色彩模式和工作界面介绍等。通过对本章的学习，学生可以快速掌握这些基础知识，能够更快、更准确地处理图像。

一、应用领域

在学习 Photoshop 之前，需要对 Photoshop 的应用领域进行了解。Photoshop 提供了图形绘制、色彩调整、图像修整等功能，使用这些功能能够制作出质量极高的图片特殊效果，目前被广泛应用于视觉传达设计、网页设计、插画设计、建筑与环境设计，以及照片处理等多个领域。

1. 视觉传达设计

视觉传达设计是 Photoshop 最常用的领域，视觉传达设计包括海报、报纸广告、杂志广告、画册、标识设计、包装设计等。其主要特点是通过广告中的文字和图形来向人们传达广告信息，如图 1-1 为用 Photoshop 制作的宣传广告。

图 1-1　宣传海报

2. 网页设计

在互联网发展迅速的今天，网络与我们的工作和生活变得越来越紧密。网页在向人们传递信息的同时，还应具备独特的吸引力来吸引更多人的视线。好的网页设计能给人带来美的享受，如图 1-2 为中国旅游集团的页面设计效果。

图 1–2　网页设计

3. 插画设计

在现代设计领域中，插画设计是极具表现力的一项设计，它与绘画艺术相似，插画艺术的许多表现技法都借鉴了绘画艺术的表现技法。运用 Photoshop 的绘图功能可以在电脑上绘制出美轮美奂的插画作品，如图 1–3 为一幅艺术插画作品。

图 1–3　艺术插画

4. 建筑与环境设计

在建筑与环境设计领域中，Photoshop 常用于空间效果图后期制作，通过工具的综合应用对其效果图进行处理。运用 Photoshop 的滤镜工具，可以在电脑上绘制出独特的效果作品，如图 1–4 为公园效果图的后期处理成果。

图 1-4　公园效果图

5. 照片处理

运用 Photoshop 中的照片修饰功能可以轻松地编辑或修改生活中的照片，如去除人物皮肤上的瑕疵，调整照片的整体色调等。同时，应用 Photoshop 还可以合成多张照片，制作出完整的图像，如图 1-5 为 Photoshop 在照片合成处理中的应用效果。

图 1-5　图片合成处理

二、位图和矢量图

图像文件主要分为位图和矢量图。在绘图或图像处理过程中，二者可以相互交叉使用。

1. 位图

位图图像也叫点阵图像，由多个单独的小方块组成，这些小方块称为像素点。每个像素点都有特定的位置和颜色值，位图图像的显示效果与像素点紧密关联，不同排列和着色的像素点组合在一起形成一幅色彩丰富的图像。像素点越多，图像的分辨率越高，相应地，图像文件的数据量也会随之增大。

一张位图图像的原始效果如图 1-6 所示，使用【缩放】工具 放大后，可以清晰地看到像素的小方块形状与不同的颜色，效果如图 1-7 所示。

图 1-6　位图原图

图 1-7　位图放大

位图与分辨率有关，如果在屏幕上以较大的倍数放大显示图像，或以低于创建时的分辨率打印图像，图像会出现锯齿状的边缘效果。

2. 矢量图

矢量图即向量图，它是一种基于图形的几何特性来描述的图像。矢量图中的各种图形元素称为对象，每一个对象都是独立的个体，都具有大小、颜色、形状和轮廓等属性。

矢量图与分辨率无关，可以将它设置为任意大小，其清晰度不变，也不会出现锯齿状的边缘。在任何分辨率下显示或打印，都不会损失细节。一幅矢量图的原始效果如图 1-8 所示，使用放大工具放大后，其清晰度不变，如图 1-9 所示。

图 1-8　矢量图原图

图 1-9　矢量图放大

三、分辨率

分辨率是用于描述计算机图像文件信息的参数。分辨率分为图像分辨率、屏幕分辨率和输出分辨率。

1. 图像分辨率

在 Photoshop 中，图像中每单位长度上的像素数目，称为图像的分辨率，其单位为“像素 / 英寸”或“像素 / 厘米”。

在相同尺寸的两幅图像中，高分辨率的图像包含的像素比低分辨率的图像包含的像素多。如一幅尺寸为 1 英寸 ×1 英寸的图像，其分辨率为 72 像素 / 英寸，那么这幅图像包含 5 184 个像素。同样尺寸，分辨率为 300 像素 / 英寸的图像包含 90 000 个像素。相同尺寸下，分辨率为 72 像素 / 英寸的图像如图 1-10 所示；分辨率为 10 像素 / 英寸的图像如图 1-11 所示。由此可见，在相同尺寸下，高分辨率的图像能更清晰地表现图像内容。

图 1-10　72 像素 / 英寸

图 1-11　10 像素 / 英寸

2. 屏幕分辨率

屏幕分辨率是指显示器上每单位长度显示的像素数目，取决于显示器大小及其像素设置。电脑的显示器分辨率一般约为 96 像素 / 英寸，其中苹果电脑显示器的分辨率一般约为 72 像素 / 英寸。在 Photoshop 中，图像像素被直接转换成显示器像素，当图像分辨率高于显示器分辨率时，屏幕中显示的图像比实际尺寸大。

3. 输出分辨率

输出分辨率是照相排字机或打印机等输出设备产生的每英寸的油墨点数（Dots Per Inch，DPI）。一般打印机的分辨率在 720 dpi 以上的，可以获得比较好的图像效果。

四、图像的色彩模式

Photoshop 提供了多种色彩模式，这些色彩模式是能够让屏幕和印刷品成功表现作品的重要保障。在这些色彩模式中，常见的有 CMYK 模式、RGB 模式、Lab 模式以及 HSB 模式。另外，还有索引模式、灰度模式、位图模式、双色调模式和多通道模式等。

1. CMYK 模式

CMYK 是指印刷上用的 4 种油墨颜色：C 代表青色（Cyan），M 代表洋红色（Magenta），Y 代表黄色（Yellow），K 代表黑色（Black）。CMYK 颜色控制面板如图 1–12 所示。

CMYK 模式基于色彩学中的减法混合原理，属于减色色彩模式。在印刷中通常都要进行四色分色，出四色胶片，然后再进行印刷，因此 CMYK 模式是 Photoshop 图片中最常用的一种色彩模式。

图 1–12　CMYK 模式

2. RGB 模式

RGB 模式，全称为 Red–Green–Blue 模式，是 Photoshop 中的一种加色模式，它通过红、绿、蓝 3 种色光相叠加而形成更多的颜色。RGB 是色光的彩色模式，一幅 24 bit 的 RGB 图像有 3 个色彩信息的通道，分别是红色（R）、绿色（G）和蓝色（B）。RGB 颜色控制面板如图 1–13 所示。

在 RGB 模式下，每个通道都有 8 bit 的色彩信息，每种颜色通道（红、绿、蓝）的强度值范围为 0~255。在 Photoshop 中编辑图像时，RGB 模式是最佳选择。它可以提供全屏幕的多达 24 bit 的色彩范围，一些计算机领域的色彩专家称之为 “True Color（真彩色）” 显示。

图 1-13 RGB 模式

3. 灰度模式

灰度模式中的灰度图又称 8 bit 深度图。每个像素用 8 个二进制位表示，能产生 2^8（即 256）级灰色调。当一个彩色文件要转换为灰度模式文件时，所有的颜色信息都将从文件中丢失。尽管 Photoshop 允许将一个灰度模式文件转换为彩色模式文件，但不可能将原来的颜色完全还原。所以，当要转换成灰度模式时，应先做好图像的备份。

与黑白照片类似，灰度模式的图像只有明暗值，没有色相和饱和度信息。颜色控制面板中，0% 代表白，100% 代表黑，K 值用于衡量黑色油墨用量，如图 1-14 所示。

图 1-14 灰度模式

五、工作界面介绍

熟悉工作界面是学习 Photoshop 的基础。熟悉工作界面的内容，有助于初学者在学习与工作中熟练掌握 Photoshop 的操作。Photoshop 的工作界面主要由菜单栏、属性栏、工具箱、图像窗口、工作区、控制面板和状态栏组成，如图 1-15 所示。

图 1-15　Photoshop 工作界面

1. 菜单栏

Photoshop 菜单栏包含了文件、编辑、图像、图层、文字、选择、滤镜、3D、视图、增效工具、窗口、帮助共 12 个主菜单，如图 1-16 所示，每个菜单都包含一系列命令。

图 1-16　菜单栏

在菜单上单击鼠标即可打开菜单。如命令名称后带有黑色三角标记，则表示该命令含有下拉菜单。单击命令即可执行，使用命令快捷键也可执行该命令，如图 1-17 所示。

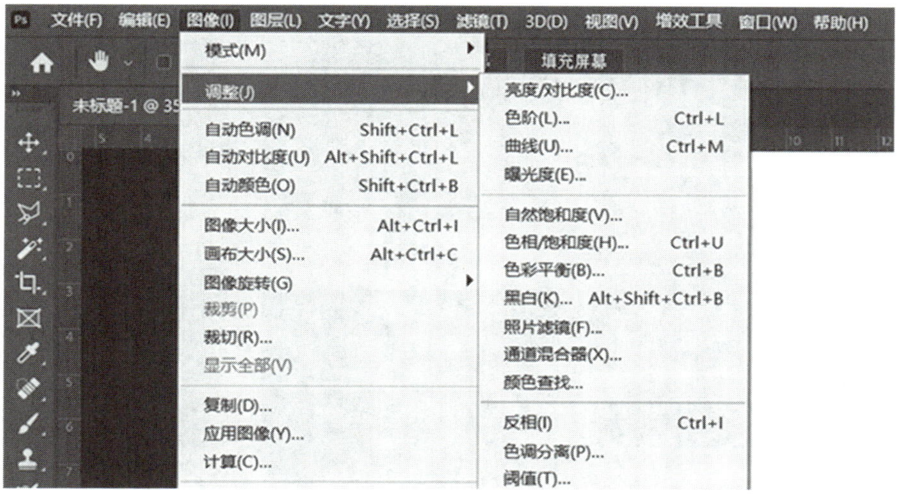

图 1–17　下拉菜单

2. 属性栏

属性栏位于菜单栏的下方，用于设置工具箱中工具的参数，其具体选项根据所选工具的不同而变化。工具箱包含几十种工具，只要单击该工具箱的某一按钮，属性栏就会显示该工具的属性和相应参数。单击工具箱中的【矩形】工具，属性栏显示如图 1–18 所示。

图 1–18　矩形工具属性栏

3. 工具箱

Photoshop 的工具主要分为 7 部分内容，分别是选择工具组、修补工具组、分析工具组、修饰工具组、绘图工具组、文本工具组和路径工具组。其中，修饰工具组与绘图工具组是 Photoshop 工具组中的核心工具，如图 1–19 所示。

4. 控制面板

在 Photoshop 工作界面中，控制面板是极为重要的组成部分，用于进行选择颜色、编辑图层、新建通道、编辑路径和撤销编辑等操作。在 Photoshop 中可通过拖动的方法来调整面板的位置。新版本 Photoshop 与低版本相比新增了多个控制面板，如调整面板、蒙版面板、图层面板、图层复合面板、仿制源面板、3D 面板等。

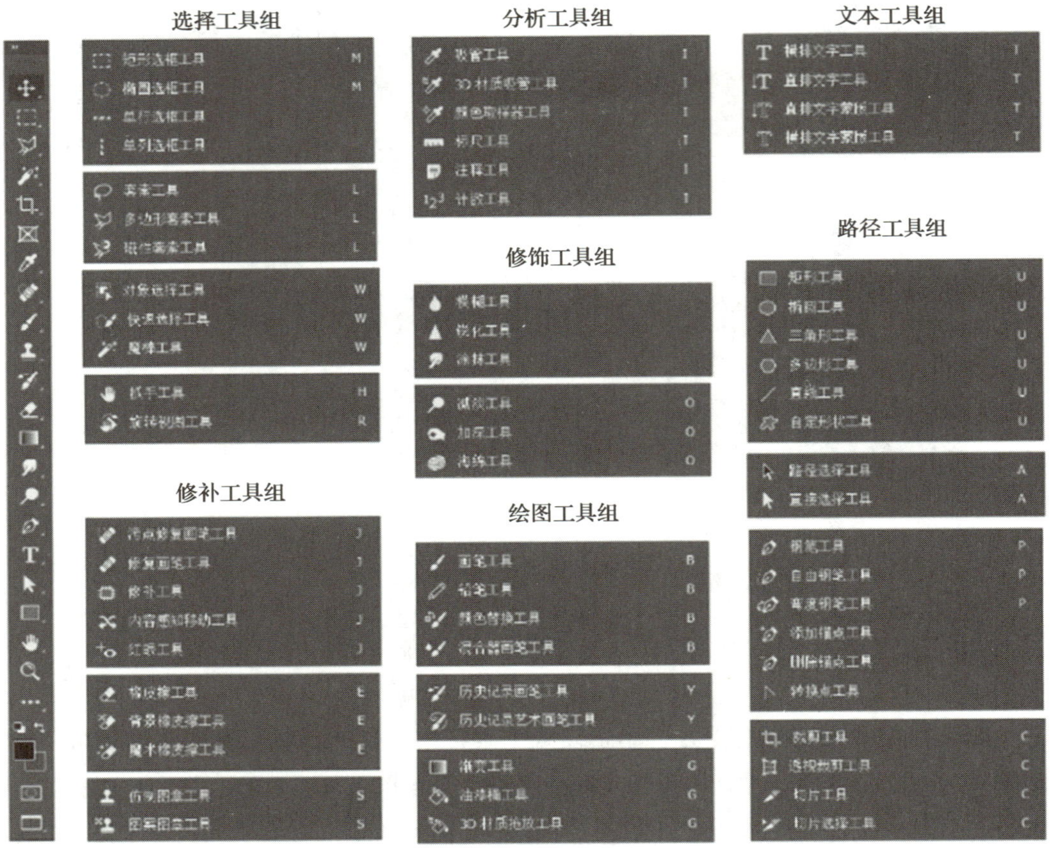

图 1-19　工具箱

章节笔记

第二章
认识图层的应用

微课 2　认识图层的应用

■ 本章导读

本章全面介绍了图层操作的所有功能、图层样式效果的制作和图层混合功能的运用。通过本章学习，学生需要掌握图层的概念、分类及特点，并掌握图层的基本操作功能，懂得在处理图像时图层的重要性和图层使用的普遍性；同时，提升发现问题、分析问题、解决问题的能力，树立全面的审美观，提升实践操作能力，从而更有效地编辑和处理图像；能够更好地运用图像的图层样式和图层混合功能来改变图像的质感，从而创作出绚丽多彩的图像效果。

一、图层概念

Photoshop的图层就如同堆叠在一起的透明纸，图像不同部分被分别放在不同的图层之上，通过图层的透明区域可以看到下面图层的内容。图层可用于隔离图像的不同部分，以便将它们作为独立的部分，并使用绘图工具、编辑工具进行操作或应用其他效果。

Photoshop图层可以将不同的图像放在不同的图层上进行独立操作而对其他的图层没有影响。在默认情况下，图层中灰白相间的透明方格表示没有像素，如果将图像中的某部分删除，该部分将变成透明，而不是像“背景”那样显示工具箱中的背景色。

二、图层类型

①**背景图层**是一种不透明的图层，作为图像的背景，叠放于图层的最下方，不能对其应用任何类型的混合模式。在Photoshop中新建文件时，会自动创建一个背景图层，并且该图层还有一个锁定的标志。双击背景图层，将其转换为普通图层，就可以对其进行编辑，如图2–1所示。

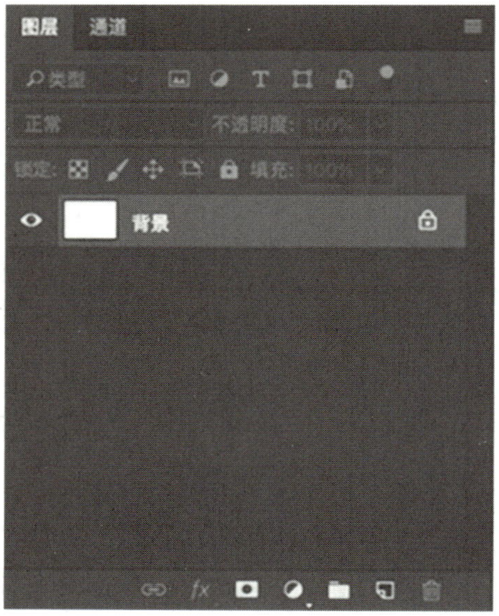

图2–1　背景图层

②**普通图层**是指用一般方法建立的、没有添加样式或者进行其他特别设置的图层，同时也是使用最多、应用最广泛的图层。执行命令【图层】—【新建】—【背景图层】，将普通图层转化为背景图层。

③**文字图层**是一种特殊的图层，是在图像中输入文字时生成的图层，用于存放文字信息，如图2–2所示。

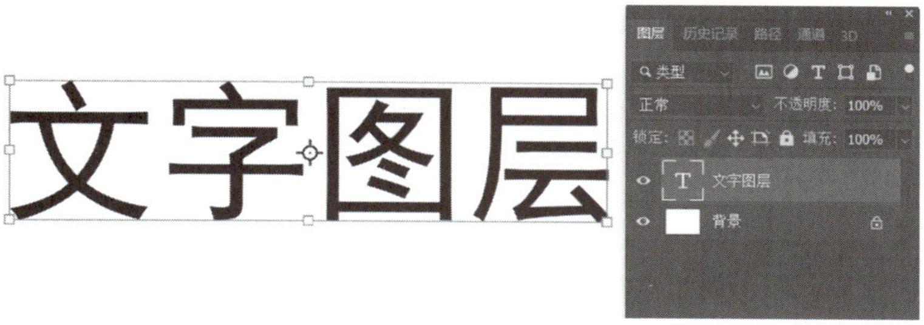

图 2-2　文字图层

④**形状图层**是使用工具箱中的【形状】工具或【钢笔】工具绘制图形后自动创建的图层。形状图层包含定义形状颜色的填充图层和定义形状轮廓的链接矢量蒙版，适合创建 Web 图形。要创建形状图层，一定要先在工具选项栏中选择【形状图层】按钮，如图 2-3 所示。

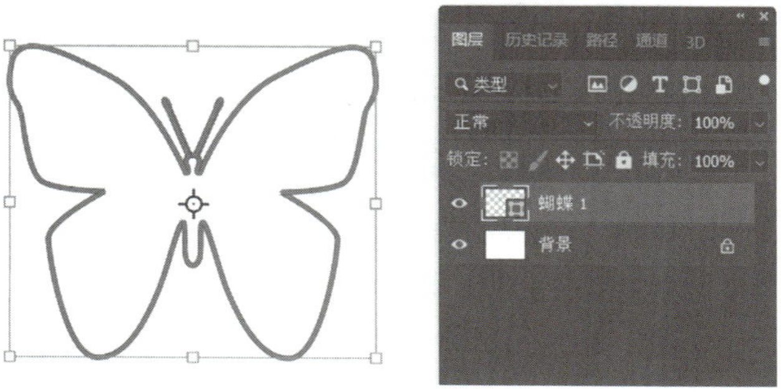

图 2-3　形状图层

⑤**填充图层**是向图层中填充纯色、渐变色或图案创建的特殊图层，能结合图层蒙版的功能，产生一种遮盖的特殊效果。在新建填充图层前，应选好当前图层。执行【图层】—【栅格化】—【填充内容】命令，可以将填充图层转化为一般的图像图层，如图 2-4 所示。

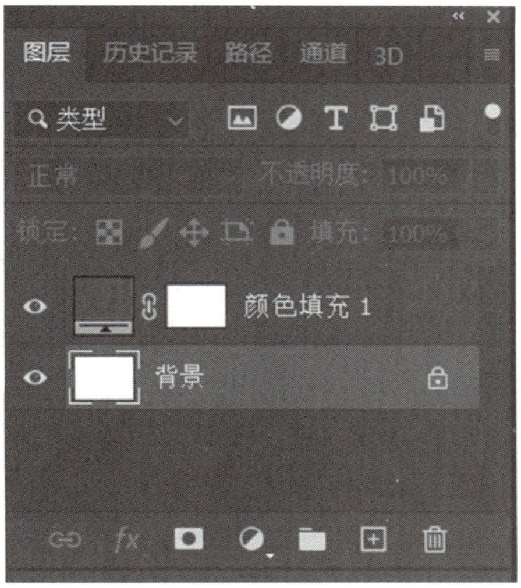

图 2-4　填充图层

⑥**蒙版图层**是图像合成的重要手段，图层蒙版中的颜色决定了图层对应位置图像的透明度。在图层面板中，蒙版图层缩览图的右侧会显示一个蒙版图像。使用蒙版可以显示或者隐藏图层的部分图像，也可以保护区域，使之免受破坏，如图 2–5 所示。

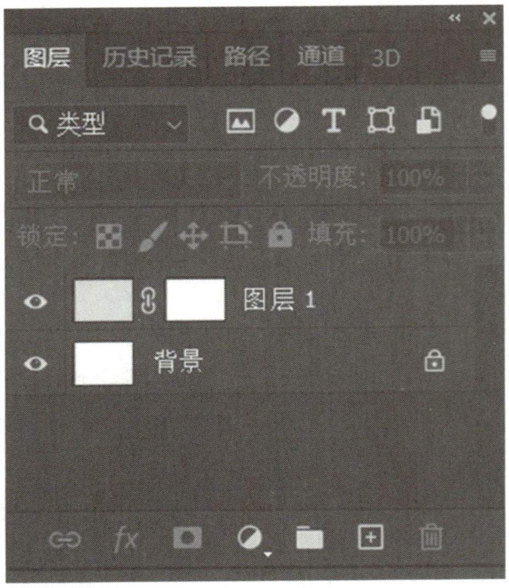

图 2–5　蒙版图层

⑦**链接图层**是具有链接关系的图层，对其中一个图层中的图像执行移动或变换操作时，会影响到被链接在一起的其他图层，而它们之间的相对位置保持不变。在图层面板中，链接图层的名称后面将显示链接图标，如图 2–6 所示。

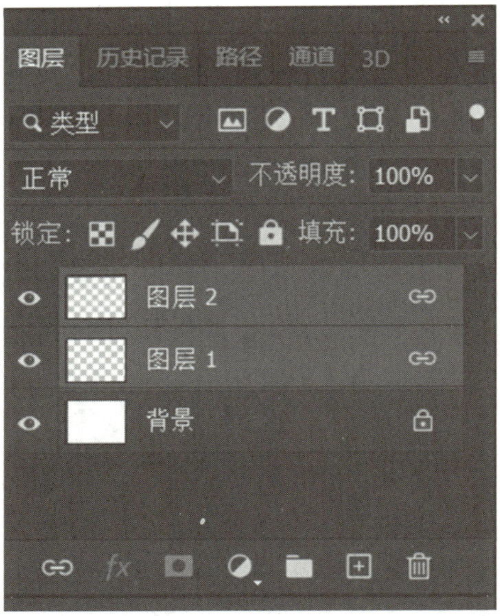

图 2–6　链接图层

⑧**效果图层**是具有各种样式效果的图层。单击图层面板底部的【添加图层样式】，即【*fx*】按钮，在弹出的下拉列表中选择所需的样式效果，即可得到效果图层。在图层面板中，效果图层的名称后面将显示效果图标，如图 2–7 所示。

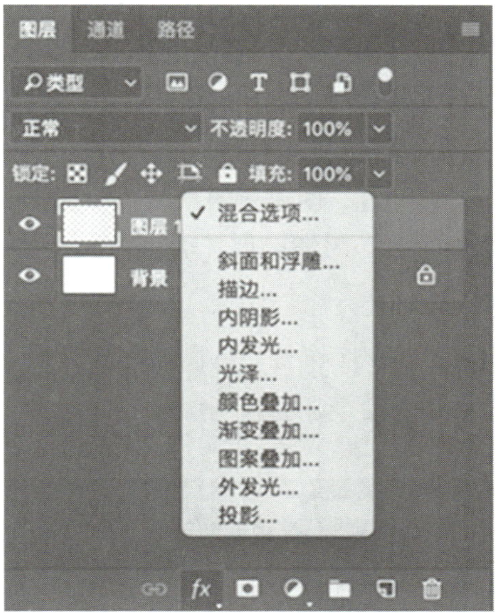

图 2–7　效果图层

⑨**剪贴板图层**名称下面有横线，可以使用图层的内容来蒙盖它上面的图层。剪贴蒙版中只能包括连续图层，如图 2–8 所示。

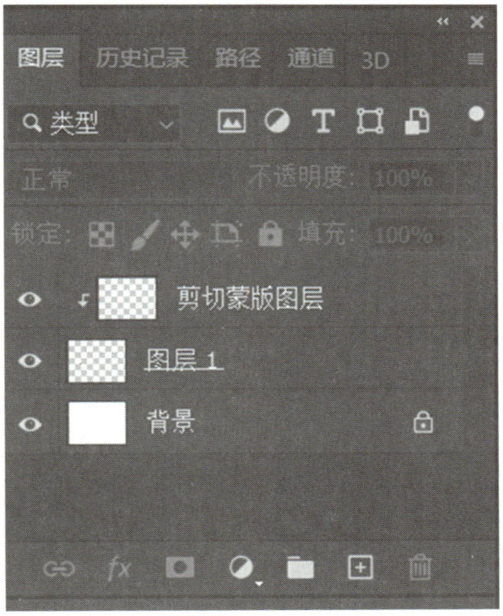

图 2–8　剪贴板图层

三、新建图层

创建新图层有以下几种常用方法。

①选择【图层】—【新建】—【图层】（拷贝的图层、背景图层、剪切图层等）命令，创建新的图层。

②使用快捷键【Shift+Ctr1+N】，创建新的图层。

③单击【新建图层】按钮，在当前图层上方创建一个新图层；按住【Ctr1】键单击该按钮，则在当前图层下方创建一个新图层，如图 2-9 所示。

④通过拖放建立新图层，将一个图像中的图层拖放到另一个图像中。

⑤通过【拷贝】和【粘贴】命令建立新图层。

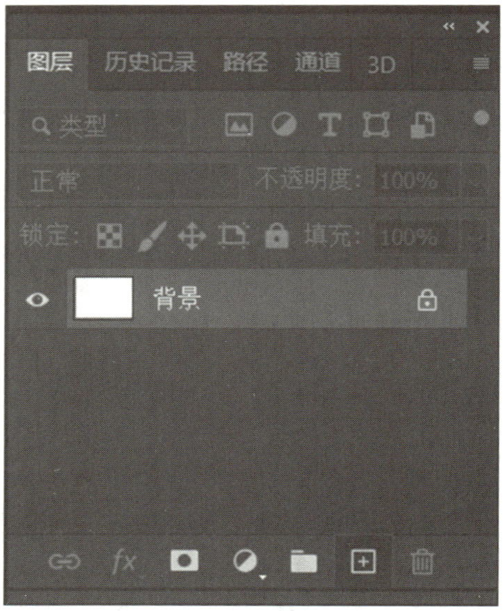

图 2-9 新建图层

四、复制图层

复制图层有以下几种常用方法。

①在【图层】面板选择要复制的图层，然后选择【图层】—【复制图层】命令。

②选择要复制的图层，按住鼠标左键并将其拖动至【图层】面板底部的【创建新

图层】按钮上，然后释放鼠标左键即可复制该图层。

③选择要复制的图层，并在该图层上单击鼠标右键，在弹出的快捷菜单中选择【复制图层】选项。

④选择要复制的图层，单击【图层】面板右上角的扩展按钮，在弹出的下拉列表框中选择【复制图层】选项即可。

⑤选择要复制的图层，按【Ctrl+J】组合键。

使用上述方法复制图层时，会弹出“复制图层”对话框，可在其中设置相应的参数创建图层。

五、删除图层

删除图层有以下几种常用方法。

①单击图层面板下方的【删除图层】按钮；右击【图层】，在弹出的菜单中选择【删除图层】，如图 2-10 所示。

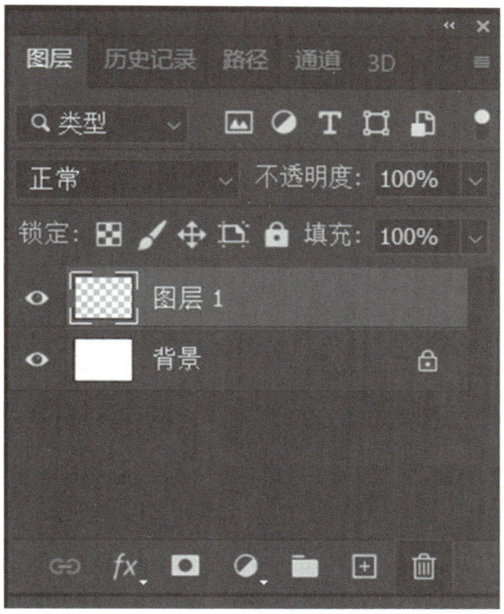

图 2-10　删除图层

②按住【Alt】键的同时，单击【删除图层】按钮可以快速删除选中的图层。

③在【图层】面板中选择要删除的图层，单击【图层】面板下方的【删除图层】按钮，然后在弹出的信息提示框中单击【是】按钮即可，如图 2-11 所示。

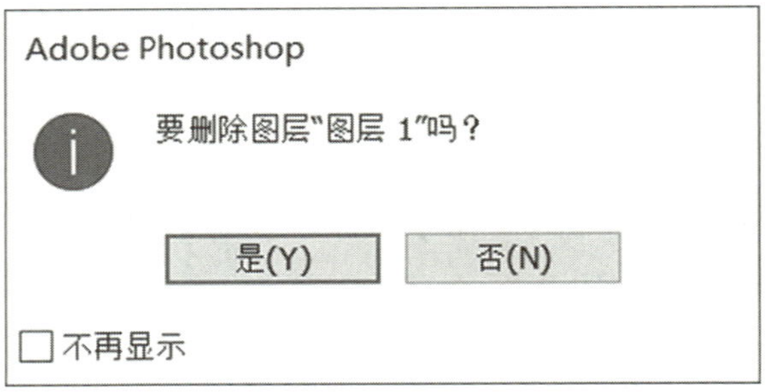

图 2-11 【删除图层】提示框

六、合并图层

合并图层有以下几种常用方法。

①向下合并图层：在主菜单中选择【图层】—【向下合并】命令，或者按快捷键【Ctrl+E】，可以使当前图层与它下面的图层进行合并，但对其他图层没有任何影响。

②合并可见图层：选择【图层】—【合并可见图层】命令，或按快捷键【Shift+Ctrl+E】，【图层】面板中所有显示的图层都将被合并，如图 2-12 所示。

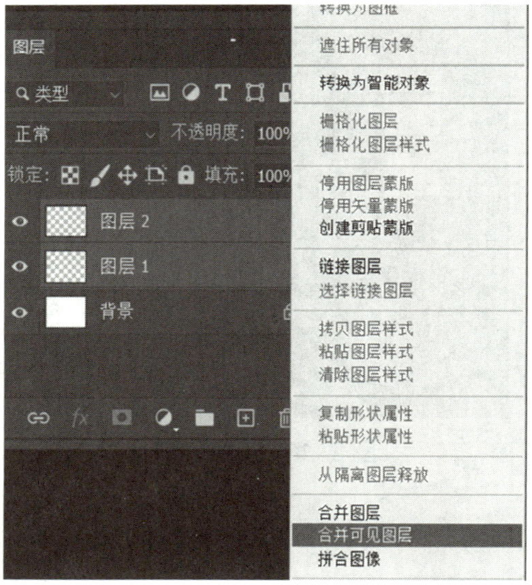

图 2-12　合并可见图层

③合并所有图层：选择【图层】—【拼合图像】命令，所有的图层就会合并为背景图层，拼合后图像文件变小，可通过状态栏查看，如图 2–13 所示。拼合时最好再保留一个副本。如果有图层隐藏，拼合时会出现对话框，如果单击【确定】按钮，原先处在隐藏状态的图层都将被丢弃。

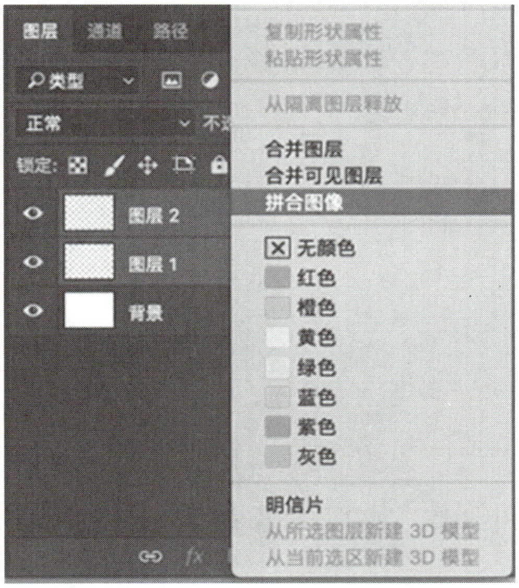

图 2–13　合并所有图层

七、图层对齐与分布

一个在编辑的图像可能由多个图层组成，其中不同图层所包含对象的相对位置决定了图像的综合效果，因此调整图层内或图层间对象的分布是进行图像编辑的重要手段。Photoshop 分别提供了 6 种对齐和分布方式，如图 2–14 所示。

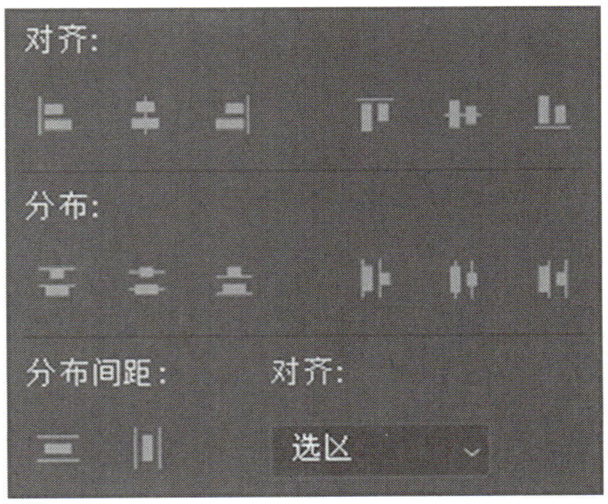

图 2–14　对齐和分布命令

图层的对齐是将不同图层的对象依设定基准对齐排布，图层分布则是将选定的图层按照设定的方式等距离分布。只有在图像具有多个图层，并且两个以上图层被同时选中的情况下，对齐命令才能激活；当 3 个以上的图层被同时选中时，分布命令才会激活。如果选择移动工具，在移动工具的选项栏中也会有相应的按钮，而且作用相同，如图 2–15 所示。

图 2–15　移动工具栏“对齐与分布”按钮

如果图层上的图像需要对齐和分布，除了借用参考线之外，还可以在主菜单中选择【图层】—【对齐】命令来实现。

八、　课堂实战

微课 2.1
标志制作

实战任务为奥迪标志制作，实战最终效果如图 2–16 所示。

图 2–16　标志效果

实战步骤

①启动 Photoshop 软件，自定义一个宽 297 mm × 高 210 mm 的文档，分辨率为 300 像素，RGB 模式，单击【创建】。

②选择【渐变】工具，单击属性栏，点击【可编辑渐变】，弹出【渐变编辑器】设置渐变颜色，单击【径向渐变】，如图 2–17 所示。

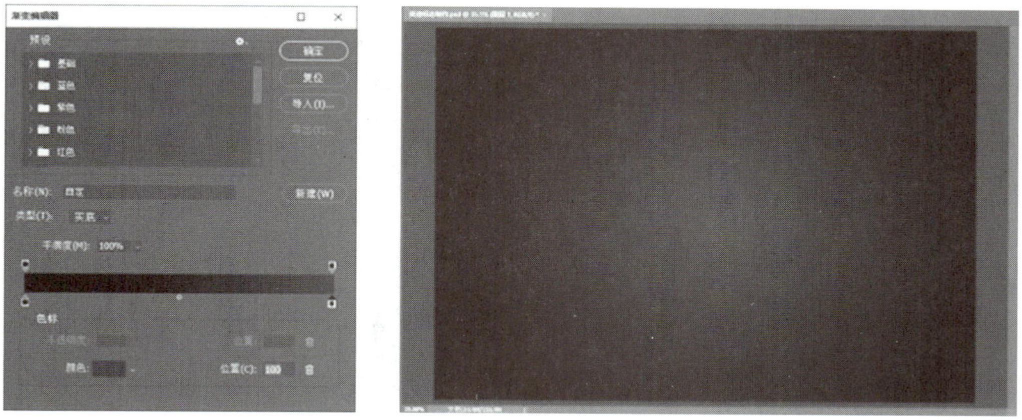

图 2-17　设置渐变编辑器

③选择【椭圆】工具，将属性栏设置为【形状】,【描边】设为 80，单击工作区域，弹出【创建椭圆】对话框，设置参数，如图 2-18 所示。执行相同操作绘制一个圆，最终效果如图 2-19 所示。

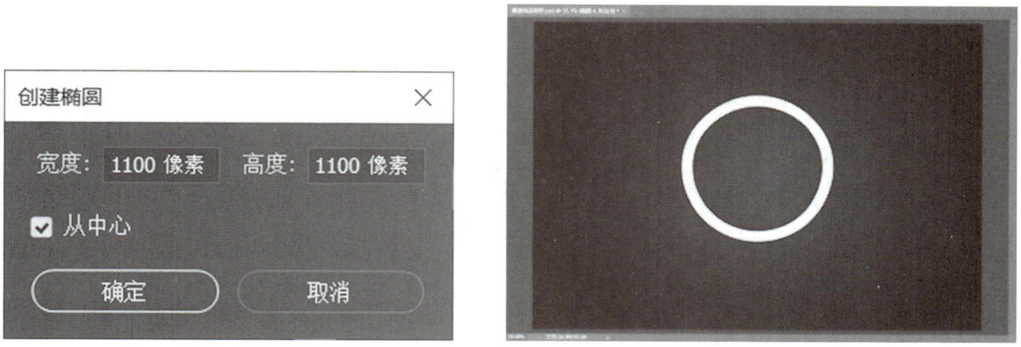

图 2-18　设置椭圆参数

图 2-19　设置椭圆参数（绘制一个圆）

④单击图层，鼠标右键单击【格式化图层】，选择【渐变】工具，单击属性栏，点击【可编辑渐变】，弹出【渐变编辑器】，设置渐变颜色，如图 2-20 所示。执行相同操作，设置另外一个圆形渐变，最终效果如图 2-21 所示。

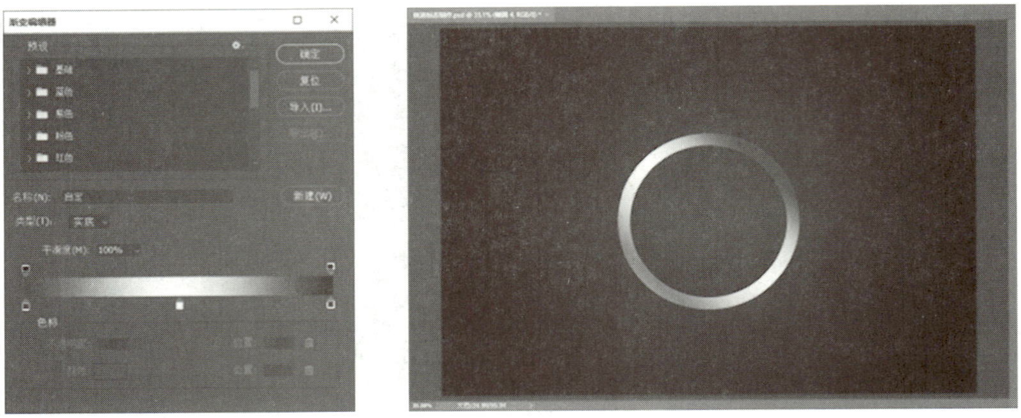

图 2-20　设置渐变编辑器

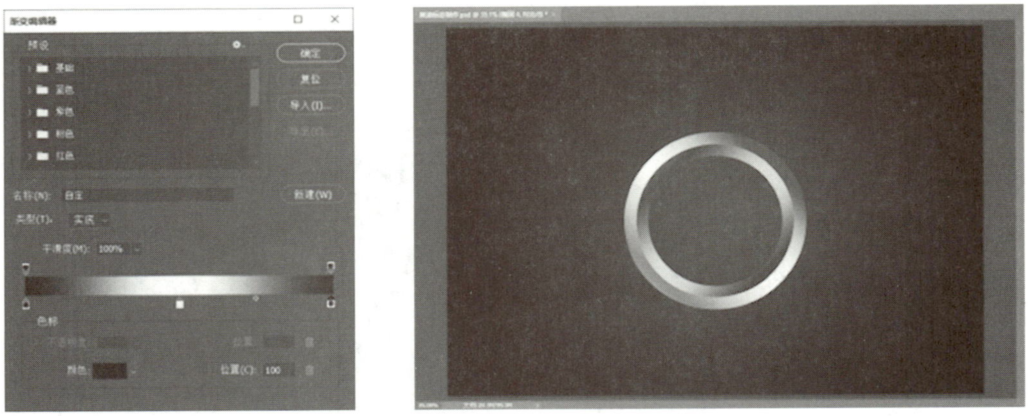

图 2-21　最终效果

⑤按快捷键【Ctrl+E】合并图层，复制 3 个并调整位置，如图 2-22 所示。选择【矩形选框】工具，将多余部分删除，调整标志前后关系，最终效果如图 2-23 所示。

图 2-22　复制多个效果

图 2-23　删除多余效果

⑥先将文档存储为 PSD 文件，随后存储为 JPG 文件，将 JPG 文件质量调到最佳，最终效果如图 2-24 所示。

图 2-24　最终效果

九、课后实战

实战任务为企业名片制作，实战最终效果如图 2-25 所示。

背面　　　　正面

图 2-25　企业名片

以下训练内容请扫码学习。

微课 2.2　企业名片制作

章节笔记

第三章
认识选择工具组应用

微课 3　认识
选择工具组应用

■ 本章导读

本章全面介绍选择编辑、选择图像裁剪与图像变换、选择图像编辑。通过本章的学习，学生能够掌握图像选择、裁剪、变换等编辑方法。结合案例讲解如何灵活运用本章工具对图形图像进行多样化的操作以完成设计项目，在提高做图能力以及分析问题、解决问题能力的同时，提升专业艺术审美意识和专业素养。

一、选择编辑

1. 移动工具

选择【移动】工具 ，或使用快捷键【Shift+V】，使用【移动】工具 可以把选区或图层移动到相应的位置，其属性栏如图 3–1 所示。

图 3–1　移动工具属性栏

①【自动选择】：当文档中有多个图层或图层组时，勾选此项后，使用鼠标点击文档中任意对象，则自动选择对应的图层或图层组。在右侧文本框中可以默认选择对象为【图层】或者【组】。

②【显示变换控件】：勾选此项后，选中的图层上将显示变换的控件，如图 3–2 所示。

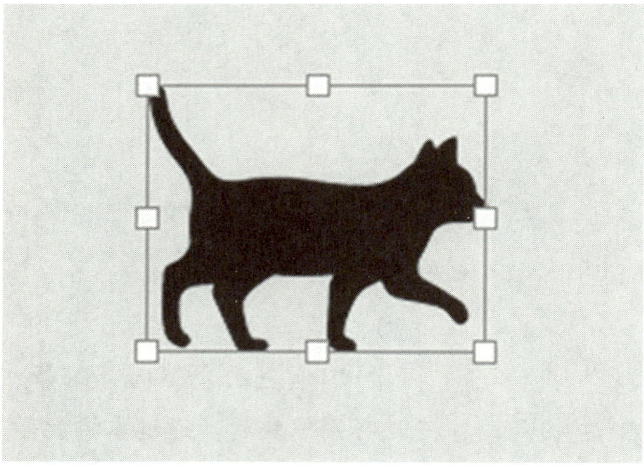

图 3–2　显示变换控件效果

③【左对齐】：使所选图层与最左端图层左对齐。

④【水平居中对齐】：使所选图层在水平方向居中对齐。

⑤【右对齐】：使所选图层与最右端图层右对齐。

⑥【垂直分布】：使图层之间均匀分布垂直间距。

⑦【顶对齐】：使所选图层与最顶端图层顶部对齐。

⑧【垂直居中对齐】：使所选图层在垂直方向居中对齐。

⑨【底对齐】：使所选图层与最底端图层底部对齐。

⑩【水平分布】：在图层之间均匀分布水平间距。

⑪【对齐分布面板】：面板中包含所有对齐与分布方式，如图 3-3 所示。

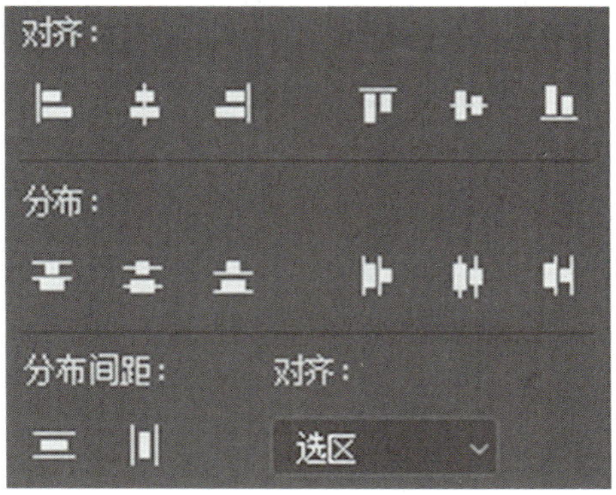

图 3-3　对齐分布面板

2. 画板工具

选择【画板】工具，或使用快捷键【Shift+V】，该工具能够满足名片设计、手机界面设计等需要对多个版面进行设计的情景需求，其属性栏如图 3-4 所示。

图 3-4　画板工具属性栏

①【大小】：在该项下拉菜单中选择各类预设尺寸的画板。

②【宽度】：用于显示画板宽度，输入数值可将画板设置为固定宽度。

③【高度】：用于显示画板高度，输入数值可将画板设置为固定高度。

④【画板背景颜色】：用于更改画板背景颜色。

⑤【制作纵版】：将画板设置为纵向。

⑥【制作横版】：将画板设置为横向。

⑦【添加新画板】：点击该项后可在画面空白处新建画板。

⑧【对齐和分布图层】：将所选图层或所选画板按照指定的方式进行对齐和分布。

⑨【设置画板行为】：用于设置使用画板操作时的行为。

3. 矩形选框工具

【矩形选框】工具：主要用于创建矩形选区，创建选区后，操作只在选区内进行，选区外不受影响。选择【矩形选框】工具，或使用快捷键【Shift+M】，其属性栏如图 3-5 所示。

图 3-5　矩形选框工具属性栏

①【新选区】：用于绘制新选区。在图像中适当的位置单击并按住鼠标不放，向右下方拖拽鼠标至一定区域，会出现矩形动态虚线，松开鼠标则完成矩形选区的绘制，如图 3-6 所示。把鼠标放置在绘制的选区内，出现箭头时，单击鼠标左键可以自由移动选区的位置。绘制时按住【Shift】键，则可以绘制出正方形选区，如图 3-7 所示。使用【Ctrl+D】组合键可以取消选区。

图 3-6　绘制自由矩形选区

图 3-7　绘制正方形选区

②【添加到选区】：在已有选区上增加新的选区，使两个选区同时存在。点击后鼠标状态为 ，在图 3-8 的基础上，框选字母“B”添加到选区，效果如图 3-9 所示。按住【Shift】键进行框选也可以实现同样效果。

图 3-8　原图选区

图 3-9　添加新选区

③【从选区减去】：在原有选区上减去新选区的部分。点击后鼠标状态为 ，在图 3-10 的基础上，框选去掉字母“A”和字母“B”中间的空白区域，效果如图 3-11 所示。按住【Alt】键进行框选也可以实现同样效果。

④【与选区交叉】：选择新旧选区中重叠的部分。点击后鼠标状态为 ，在图 3-12 的基础上，框选所有字母中间部分区域，效果如图 3-13 所示。按快捷键【Shift+Alt】进行框选也可以得到同样效果。

⑤【羽化】：用于设定选区边界的柔化程度。建立选区前，需要在数值框内输入“20 像素”，可以直接建立羽化后的选区效果，如图 3-14 所示。如果选区已经建立，

图 3-10　原图选区

图 3-11　减去选区

图 3-12　原图选区

图 3-13　与选区交叉效果

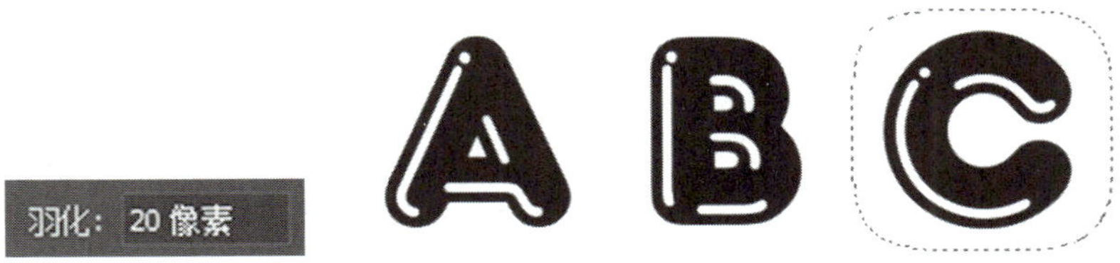

图 3-14　羽化矩形选区效果

可以单击鼠标右键，选择【羽化】，在弹出的窗口内输入羽化半径“20 像素”，使用【Delete】键对其进行删除，删除后效果如图 3-15 所示。

图 3-15　删除羽化矩形选区效果

⑥【消除锯齿】：用于清除选区边缘的锯齿，需要在创建选区之前进行勾选，由于矩形选区的边缘平直，所以在【矩形选框】工具下，【消除锯齿】选项是不可选的。

⑦【样式】：用于选择类型，主要有正常、固定比例、固定大小 3 个选项。【正常】是可以按住鼠标左键拖动得到所需要的矩形选框。【固定比例】是在输入比例后，画出的选区是固定宽度和高度比例的矩形选框，如 1∶1 为正方形选框，2∶4 则为竖状矩形选框，点击 ⇄ 可以互换宽度和高度的数值。【固定大小】则是输入所需要宽度和高度，可以绘制精确尺寸的矩形选框。

4. 椭圆选框工具

选中【椭圆选框】工具，或使用快捷键【Shift+M】，该工具主要用于创建椭圆选区和正圆选区，其属性栏如图 3-16 所示。

图 3-16　椭圆选框工具属性栏

①【新选区】：用于绘制新选区。在图像中适当的位置单击并按住鼠标不放，向右下方拖拽鼠标至一定区域，会出现椭圆形动态虚线，松开鼠标则完成椭圆选区的绘制，如图 3-17 所示。把鼠标放置在绘制的选区内出现箭头，单击鼠标左键可以自由移动选区的位置。绘制时按住【Shift】键，则可以绘制出正圆选区，如图 3-18 所示。使用快捷键【Ctrl+D】可以取消选区。

图 3-17　绘制自由椭圆选区

图 3-18　绘制正圆选区

②【添加到选区】：在已有选区的上面增加新的选区，使两个选区同时存在。点击后鼠标状态为，在图 3-19 的基础上，框选字母“B”添加到选区，效果如图 3-20 所示。按住【Shift】键进行框选也可以实现同样效果。

图 3-19　绘制正圆选区

图 3-20　添加新选区

③【从选区减去】：在原有选区上减去新选区的部分。点击后鼠标状态为，在图 3-21 的基础上，对右边椭圆选区进行任意框选，效果如图 3-22 所示。按住【Alt】键进行框选也可以实现同样效果。

④【与选区交叉】：选择新旧选区中重叠的部分。点击后鼠标状态为，在图 3-23 的基础上，框选所有字母中间部分区域，效果如图 3-24 所示。按快捷键【Shift+Alt】进行框选也可以得到同样效果。

图 3-21　绘制正圆选区

图 3-22　减去选区

图 3-23　选区原图效果

图 3-24　与选区交叉效果

5. 单行选框工具

选择【单行选框】工具 ，或按快捷键【Shift+M】，该工具的主要功能是创建一个像素的单行选区，属性栏如图 3-25 所示。

图 3-25　单行选框工具属性栏

在画面中创建单行选框，按住【Ctrl++】组合键，放大后效果如图 3-26 所示。由于【单行选框】工具所创建的选区固定为一个像素，因此不能对【样式】中的宽度与高度进行设置。

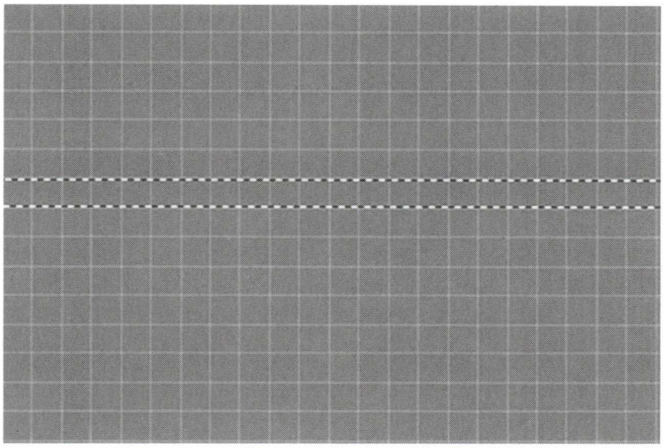

图 3-26　单行选框选区效果

6. 单列选框工具

选择【单列选框】工具，或按快捷键【Shift+M】，该工具的主要功能是创建一个像素的单列选区，其属性栏如图 3–27 所示。

图 3–27 单列选框工具属性栏

在画面中创建单列选框，按住【Ctrl++】组合键，放大后效果如图 3–28 所示。由于【单列选框】工具所创建的选区固定为一个像素，因此不能对【样式】中的宽度与高度进行设置。

图 3–28 单列选框选区效果

7. 套索工具

选中【套索】工具，或按快捷键【Shift+L】，其属性栏如图 3–29 所示。

图 3–29 套索工具属性栏

打开图像，使用【套索】工具在画面中适当位置按住鼠标左键不放，拖拽鼠标围绕“鹿”进行绘制，松开鼠标，绘制区域自动闭合，形成选区，如图 3–30 所示。

图 3-30　套索工具绘制自由选区效果

8. 多边形套索工具

选中【多边形套索】工具 ，或按快捷键【Shift+L】，可以绘制直线类型的多边形选区，其属性栏如图 3-31 所示。

图 3-31　多边形套索工具属性栏

打开图像，使用【多边形套索】工具在画面合适位置单击可以创建初始起点，移动鼠标便会有一条直线连接起点，把鼠标拖到相应位置再单击即可创建第二个顶点，当起点和终点重合时，鼠标状态为 ，表示可以形成闭合，效果如图 3-32 所示。

图 3-32　多边形套索工具绘制选区效果

9. 磁性套索工具

选中【磁性套索】工具，或按快捷键【Shift+L】，可以自动捕捉物体的边缘以建立选区，其属性栏如图 3-33 所示。

图 3-33　磁性套索工具属性栏

①【宽度】：用于定义磁性套索工具检索的距离范围。

②【对比度】：用于定义磁性套索工具对边缘的敏感程度。

③【频率】：用于控制磁性套索工具生成固定点的多少。

④【使用绘图板压力以更改钢笔宽度】：用于设置绘图板的笔刷压力，此项只有安装了绘图板和相关的驱动才能实现。

打开图像，在“鹿”的图像边缘单击鼠标以确定起始点，然后移动鼠标沿着“鹿”的图像边缘进行移动，移动过程中会自动贴合图像边缘并生成锚点。在移动鼠标过程中，如果没有很好地捕捉图像边缘，可以通过单击鼠标加入固定锚点；如果锚点放置错误，也可以直接按键盘上的【Delete】键或者【Backspace】键删除锚点；如果要快速结束，则双击鼠标或直接按键盘上的【Enter】键，即可自动连接形成封闭选区，如图 3-34 所示。

图 3-34　磁性套索工具创建选区效果

10. 对象选择工具

选中【对象选择】工具，或按快捷键【Shift+W】，能够在定义的区域内自动查找和选择主体，并建立选区，其属性栏如图 3-35 所示。

图 3-35　对象选择工具属性栏

①【矩形模式】：能够通过矩形框选对象范围来识别主体并建立选区。

②【套索模式】：能够通过套索绘制粗略的范围来识别主体并建立选区。

打开图像，选择【矩形模式】或【套索模式】，在适当位置单击鼠标左键对主体物品进行选择，松开鼠标则自动识别物体边缘并创建选区。建立选区后可以通过【添加到选区】、【从选区减去】、【与选区交叉】等工具进行加减选区，来建立更加精确的图像选区，效果如图 3-36 所示。

图 3-36　利用对象选择工具创建选区

11. 快速选择工具

选中【快速选择】工具，或按快捷键【Shift+W】，通过拖动可调整的圆形画笔笔尖，自动查找物体边缘并形成选区，其属性栏如图 3-37 所示。

图 3-37　快速选择工具属性栏

①【新选区】：用于创建新选区。

②【添加到选区】：用于创建初始选区后，增加选区。

③【新选区】：将自动切换为【添加到选区】，快捷键为【Shift】。

④【从选区减去】：用于减去选区，快捷键为【Alt】。

⑤【画笔选项】：用于调出圆形画笔选项面板，在面板中能够快速对画笔的大小、硬度、间距等进行调整，其面板如图 3-38 所示。

⑥【画笔角度】：能够更改画笔角度。

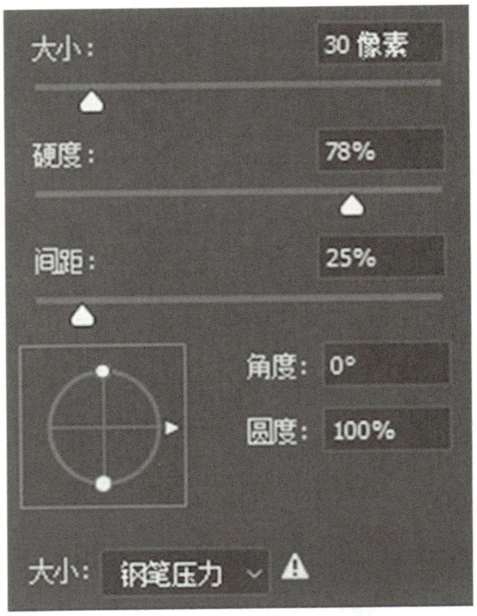

图 3-38　画笔选项面板

12. 魔棒工具

选中【魔棒】工具，或按快捷键【Shift+W】，可以选择颜色一致的区域，其属性栏如图 3-39 所示。

图 3-39　魔棒工具属性栏

打开图像，使用【魔棒】工具选中“魔方”中任意一个蓝色格子，则所有蓝色部分的格子都会被选中，如图 3-40 所示。

图 3-40　利用魔棒创建选区

二、选择图像裁剪与图像变换

1. 裁剪工具

选中【裁剪】工具，或按快捷键【Shift+C】，可对图像进行裁切，如图 3-41 所示。

图 3-41　裁剪工具属性栏

选中【裁剪】工具状态下，图像四周会自动出现裁剪边界与网格，可以通过拖拉裁剪边界四周方块，选定图像需要裁剪的范围，双击或者使用【Enter】键完成裁剪，如图 3-42 所示。如需取消裁剪，可以使用【Esc】键或者单击界面右上角取消当前裁剪操作。

图 3-42　裁剪状态及裁剪效果

除以上方法外，还可以通过绘制裁剪区域进行图像裁剪。选中【裁剪】工具状态下，将鼠标放置在画面中合适的位置，单击并拖动鼠标左键进行框选，双击或者使用【Enter】键完成裁剪，如图 3-43 所示。

图 3-43　框选裁剪区域

【比例】选项可以选择预设的裁剪比例。 选项可以自定义裁剪框的长宽比。 选项可以快速拉直倾斜的图像。 选项可以设置裁剪选项。【删除裁剪的像素】选项可以控制是否彻底删除裁掉的图像。

2. 透视裁剪工具

选中【透视裁剪】工具 ，或按快捷键【Shift+W】，可以裁剪和矫正图像透视，其属性栏如图 3-44 所示。

图 3-44　透视裁剪工具属性栏

使用时，可以在图像中适当位置单击以创建一个起点，随后可沿着物体透视角度创建第二、第三、第四个起点，完成后双击鼠标或按【Enter】键，则原本具有透视的图像能够自动矫正为平面效果，同时裁剪区域外的像素也被删除，如图 3-45 所示。

图 3–45　透视裁剪效果

3. 切片工具

选中【切片】工具，或按快捷键【Shift+C】，可以将一张图片切成若干张，其属性栏如图 3–46 所示。

图 3–46　切片工具属性栏

切片工具主要有【用户切片】、【自动切片】、【图层切片】3 种类型。

①【用户切片】：指使用切片工具创建的切片，创建后切片左上角有标记，颜色为蓝色。

②【自动切片】：指其余未被定义为【用户切片】或【图层切片】的空间，将自动生成切片，左上角有标记，颜色为灰色，自动切片可以提升为用户切片。

③【图层切片】：指通过图层面板创建的切片，切片左上角标记为，颜色为蓝色。

“样式”下拉菜单主要有【正常】、【固定长宽比】、【固定大小】3 个选项。

①【正常】：该选项下可以通过拖动鼠标自由确定和划分切片尺寸。

②【固定长宽比】：该选项下可以设定切片的宽度与高度的比例。

③【固定大小】：该选项下可以设定切片的宽度与高度像素大小。

4. 切片选择工具

选中【切片选择】工具，或按快捷键【Shift+C】，可以选择一个或者多个切片，如需要选择多个切片，可以按住【Shift】进行加选。在选中【切片】工具的情况下，可以按住【Ctrl】键进行两者之间的快速切换，其属性栏如图 3-47 所示。

图 3-47 切片选择工具属性栏

①【堆叠顺序选项】：能够用于调整切片的堆叠顺序，从左至右分别为【置为顶层】、【前移一层】、【后移一层】，以及【置为底层】。

②【提升】：能够将自动切片或图层切片提升为用户切片。

③【划分】：能够打开【划分切片】对话框，进行水平和/或垂直切片的设置。

④【对齐和分布用户切片】：能够将所选中的用户切片进行对齐和分布。

⑤【显示/隐藏自动切片】：能够选择显示或者隐藏自动切片。

⑥【切片选项】：能够在弹出的对话框中对当前所选切片进行重命名、添加超链接、修改当前切片尺寸等设置，如图 3-48 所示。此外，也可以右击鼠标，选择【编辑切片选项】打开对话框。

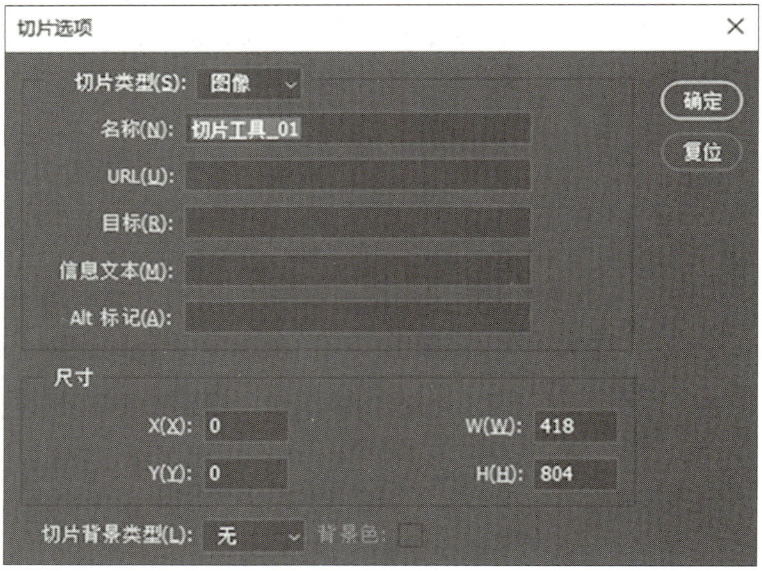

图 3-48 【切片选项】对话框

5. 图框工具

选中【图框】工具，或按快捷键【Shift+K】，它可以为图像创建占位符图框，其属性栏如图 3–49 所示。

图 3–49　图框工具属性栏

①【矩形画框】：使用鼠标创建矩形画框。

②【椭圆画框】：使用鼠标创建椭形画框。

三、选择图像编辑

1. 吸管工具

选中【吸管】工具，或按快捷键【Shift+I】，可采集图像或屏幕上的任何位置的颜色，以指定新的前景色或背景色，默认状态下吸取的颜色会替换前景色，按住【Alt】键再进行颜色吸取，则可以将背景色进行替换，其属性栏如图 3–50 所示。

图 3–50　吸管工具属性栏

①【取样大小】：按照吸管所点的像素的颜色进行取样。【取样点】可以读取鼠标所单击像素的精确值。

②【样本】：指吸取颜色时的样本类型，主要分为当前图层、当前和下方图层、所有图层、所有无调整图层、当前和下一个无调整图层。

③【显示取样环】：勾选此项后，在吸取颜色时吸管周围会出现能够预览取样颜色的圆环，上半个环表示当前鼠标所在位置的颜色，下半个环表示吸取之前的颜色，如图 3–51 所示。

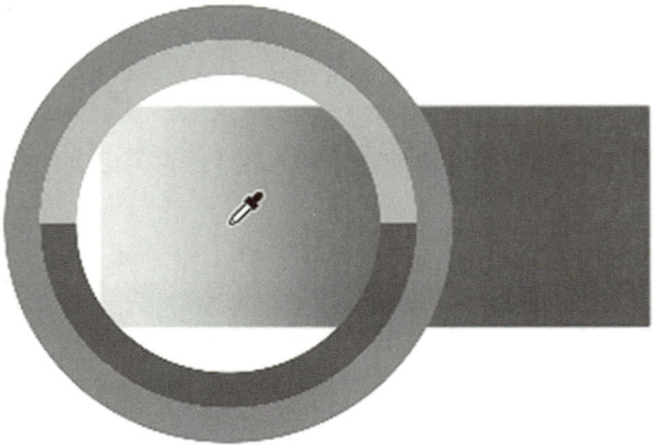

图 3-51 显示取样环效果

2. 3D 材质吸管工具

选中【3D 材质吸管】工具，或按快捷键【Shift+I】，可以吸取 3D 效果中的材质样式，其属性栏如图 3-52 所示。

图 3-52 3D 材质吸管工具属性栏

新建空白文档，选择【文字工具】，在文档中输入文字“3D”，选择顶部菜单栏“文字”下的【创建 3D 文字】，如图 3-53 所示，在弹出窗口中选择“是”切换到 3D 工作区，此时使用【3D 材质吸管】工具对文字表面材质进行吸取则会显示“3D 前膨胀材质”，如图 3-54 所示。

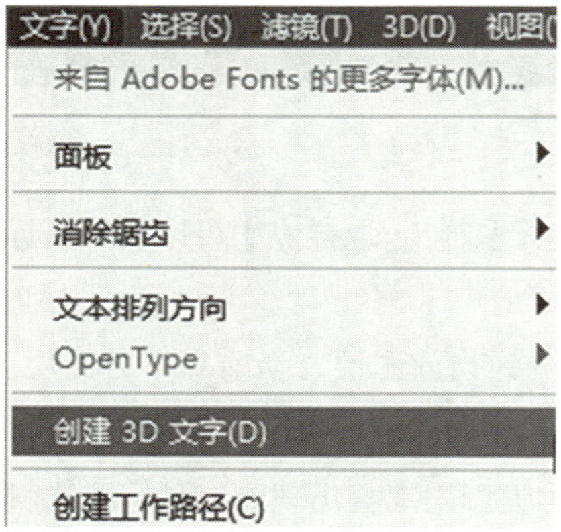

图 3-53 创建 3D 文字

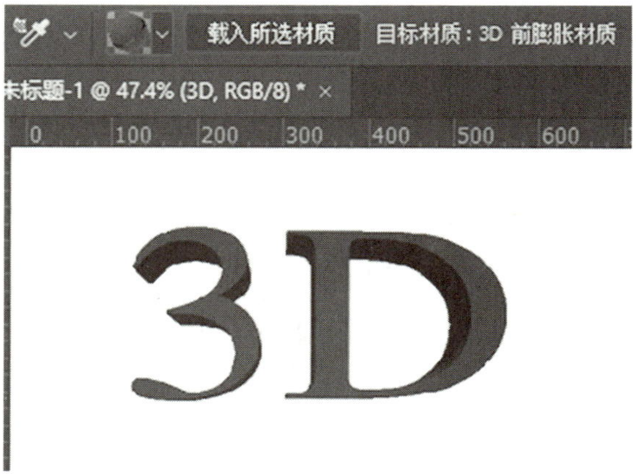

图 3-54 文字效果

3. 颜色取样器工具

选中【颜色取样器】工具 ，或按快捷键【Shift+I】，其属性栏如图 3-55 所示。

图 3-55　颜色取样器工具属性栏

将鼠标挪动到要取样的颜色处，单击鼠标左键即可对色彩进行取样和标记，取样的结果将显示在信息面板中，最多可以对 10 个颜色进行取样，如图 3-56 所示。

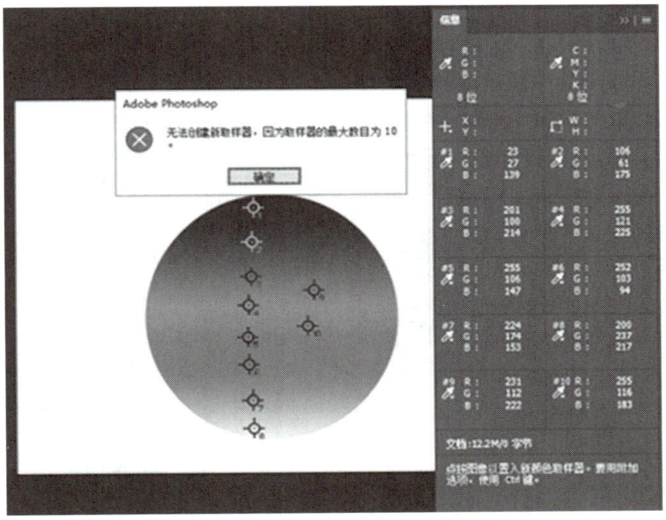

图 3-56　颜色取样标记

对某个取样点颜色显示模式进行更改，需要把鼠标放在该取样点上，右击鼠标并点击对应的颜色模式，则信息面板中的数值将会按照所选模式进行显示，如图 3-57 所示。

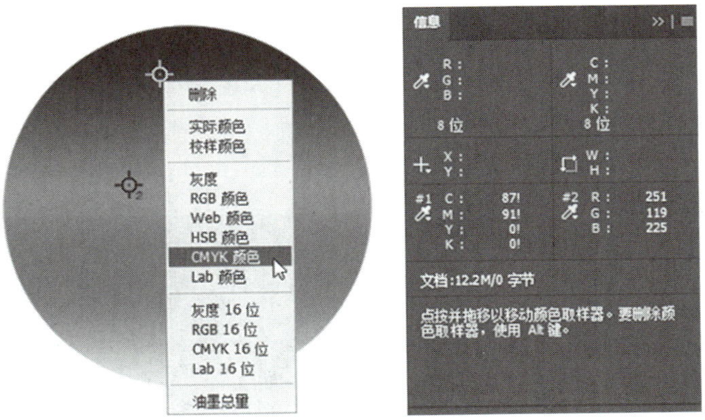

图 3-57　更改取样点颜色显示模式

4. 标尺工具

选中【标尺】工具，或按快捷键【Shift+I】，其属性栏如图 3-58 所示。

图 3-58 标尺工具属性栏

【标尺】工具可测量画布内任意两点之间的距离。使用时，把鼠标放在测量的起始点处，按住鼠标左键不放的同时向测量的终点方向进行拖拽，此时会出现测量线，到达终点时松开鼠标，即可完成测量，测量线两端为测量起点和终点，属性栏也会显示相应的数值，如图 3-59 所示。

图 3-59 利用标尺工具测量距离

①【使用测量比例】：指能够在图像中设置一个与比例单位（如英寸、毫米或微米）数值相等的指定像素数。设置测量比例方法如图 3-60 所示。完成测量比例的创建后，勾选本项就可以用选定的比例单位测量该区域并计算和记录结果。

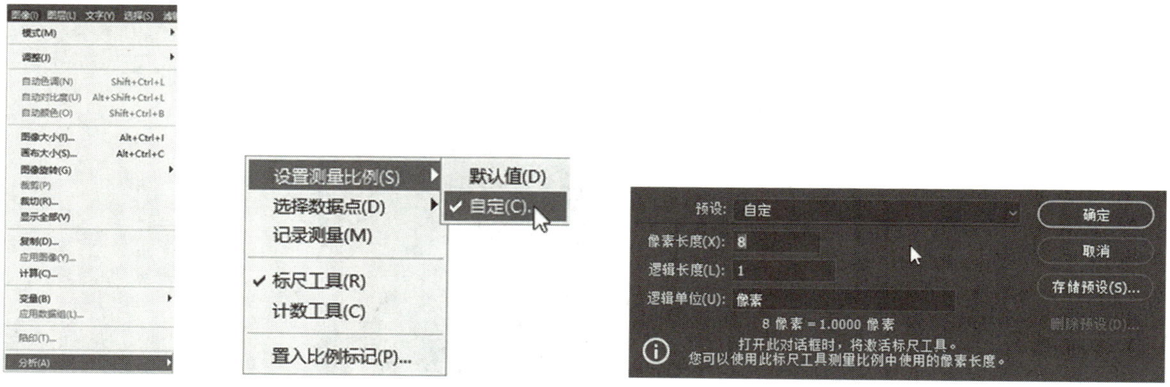

图 3-60 设置测量比例方法

②【拉直图层】：指根据所绘制的测量线将图层拉直，拉直前后效果如图 3–61 和图 3–62 所示。

图 3–61　拉直图层

图 3–62　拉直效果

5. 注释工具

选中【注释】工具，或按快捷键【Shift+I】，可以在画布上的任意位置添加审阅评语、制作说明、修改事项或其他信息，其属性栏如图 3–63 所示。

图 3–63　注释工具属性栏

①【作者】：可输入指定注释的作者名称。

②【颜色】：选择和修改注释图标的颜色。

③【清除全部】：点击后能够快速清除文档中的所有注释。

④【显示或者隐藏注释面板】：对【注释】面板进行显示或者隐藏。

6. 计数工具

选中【计数】工具 ，或按快捷键【Shift+I】，可以对图像中的对象进行计数与统计，使用方法是在需要计数的对象上逐个单击鼠标左键即可，其属性栏如图 3–64 所示。

图 3–64　计数工具属性栏

①【计数】：在将计数数目添加到图像时，当前选定的计数会增加，默认开始计数为 0。

②【计数组选择框】：默认计数组会在将计数数目添加到图像时创建。默认开始计数组为 1。在其下拉菜单中能够选取和切换计数组，也能够对计数组名称进行设置。

③【切换计数组的可见性】：显示或隐藏当前所选计数组。

④【新建计数组】：创建新的计数组。

⑤【删除计数组】：删除当前所选计数组及其计数内容。

⑥【清除】：将当前选定计数组的计数重置为 0。

⑦【计数组颜色】：设置计数组的颜色。

⑧【标记大小】：指计数组数字左下方的圆点的大小，可以输入 1~10 之间的整数。

⑨【标签大小】：指计数组数字的大小，可以输入 8~72 之间的整数。

四、课堂实战

微课 3.1　电视背景墙制作

实战任务为电视背景墙彩平图制作，实战最终效果如图 3–65 所示。

图 3-65　电视背景墙

实战步骤

①启动 Photoshop 中文版。自定义一个宽 297 mm × 高 210 mm 的文档，分辨率为 300 像素，RGB 模式，单击【创建】。

②选择“第 3 章 / 素材 / 置入电视墙立面图”素材，按快捷键【Ctrl+T】调整素材大小和位置，如图 3-66 所示。

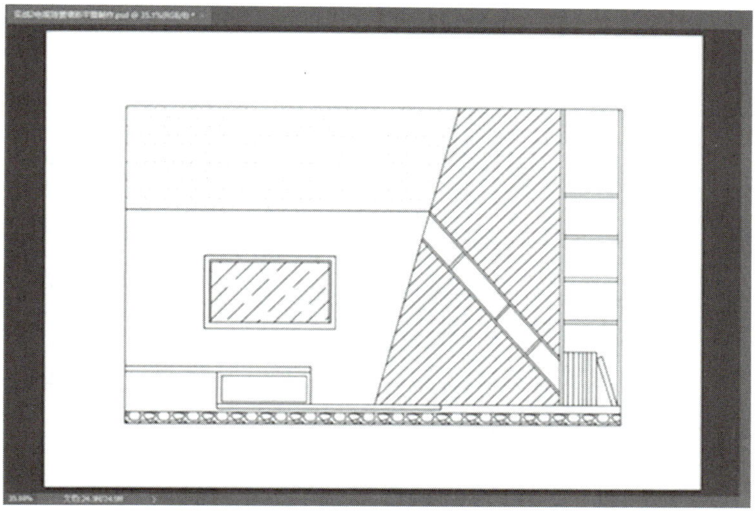

图 3-66　置入电视墙立面图素材

③选择【魔术棒】工具 ，选取电视墙顶部，填充橙色（R231、G135、B77），如图 3–67 所示。

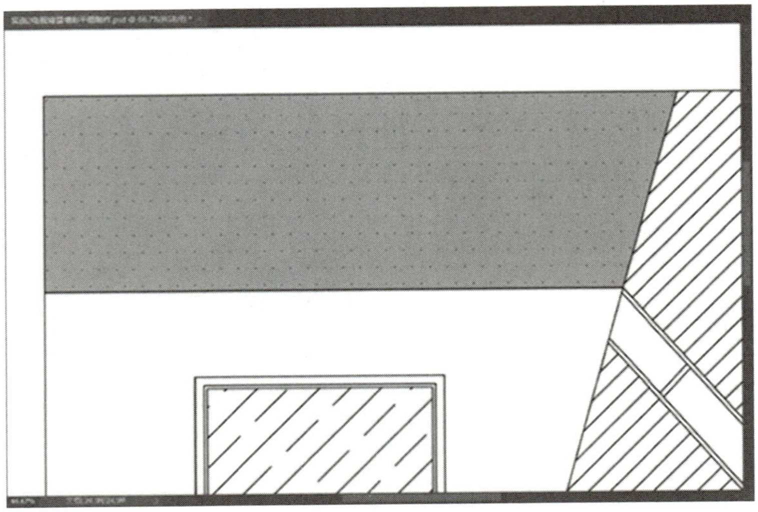

图 3–67　填充橙色

④选择“第 3 章 / 素材 / 置入黑白凹凸肌理贴图”素材，按快捷键【Ctrl+T】调整素材大小和位置。选择【魔术棒】工具 ，选取电视墙，选择【反选】，按【Delete】删除多余部分，如图 3–68 所示。

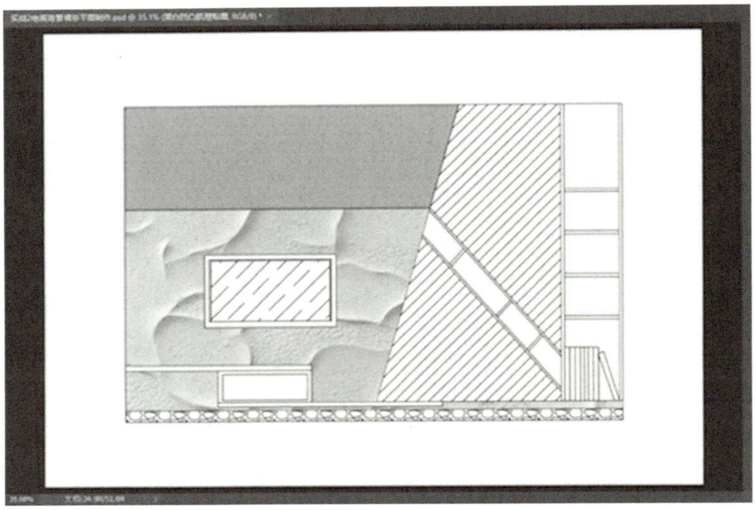

图 3–68　置入黑白凹凸肌理贴图素材

⑤选择“第 3 章 / 素材 / 置入电视机屏幕贴图”素材，按快捷键【Ctrl+T】调整素材大小和位置，如图 3–69 所示。

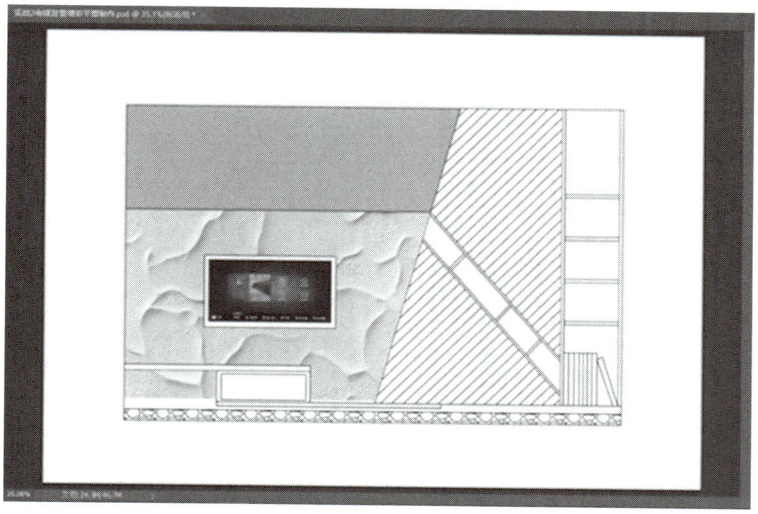

图 3-69　置入电视机屏幕贴图素材

⑥选择“第 3 章 / 素材 / 置入胡桃木贴图”素材，按快捷键【Ctrl+T】调整素材大小和位置。选择【多边形套索】工具，选取电视墙柜，选择【反选】，按【Delete】删除多余部分，设置【图层】混合模式【正片叠加】，如图 3-70 所示。

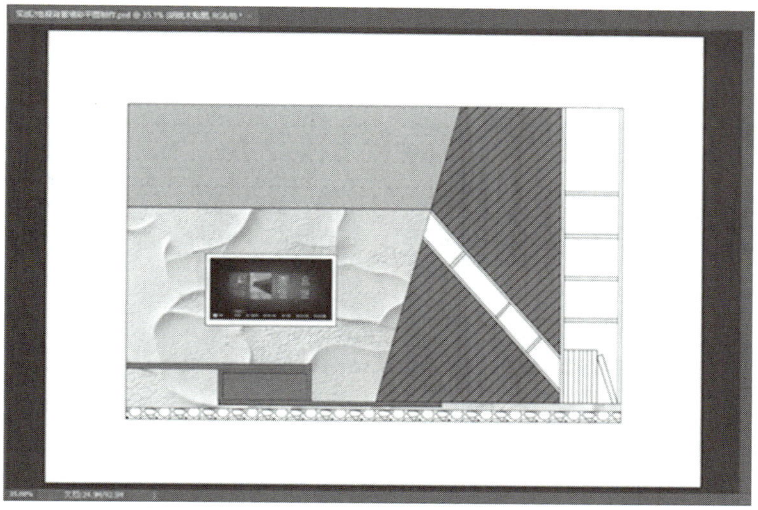

图 3-70　置入胡桃木贴图素材

⑦选择“第 3 章 / 素材 / 置入白色木纹贴图”素材，按快捷键【Ctrl+T】调整素材大小和位置。选择【魔术棒】工具，选取电视墙柜，选择【反选】，按【Delete】删除多余部分，如图 3-71 所示。

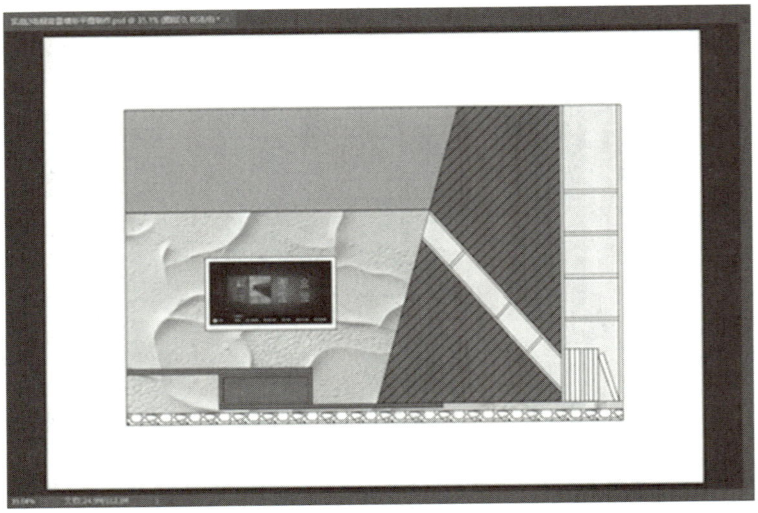

图 3-71　置入白色木纹贴图素材

⑧选择【矩形选框】工具 ，框选电视背景墙底部踢脚线填充深灰色（R79、G76、B75），设置【图层】混合模式【正片叠加】，如图 3-72 所示。

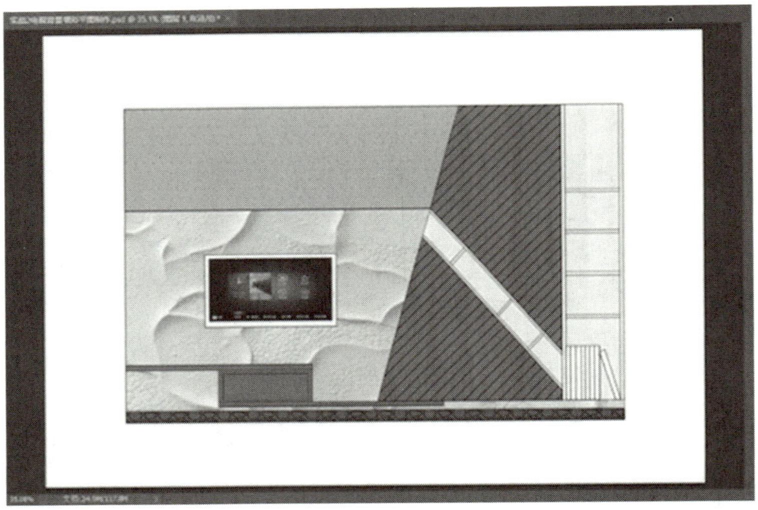

图 3-72　填充深灰色效果

⑨选择【钢笔】工具 ，属性栏设置为【形状】,【描边】黑色 15 像素，绘制电视背景墙阴影效果，如图 3-73 所示。

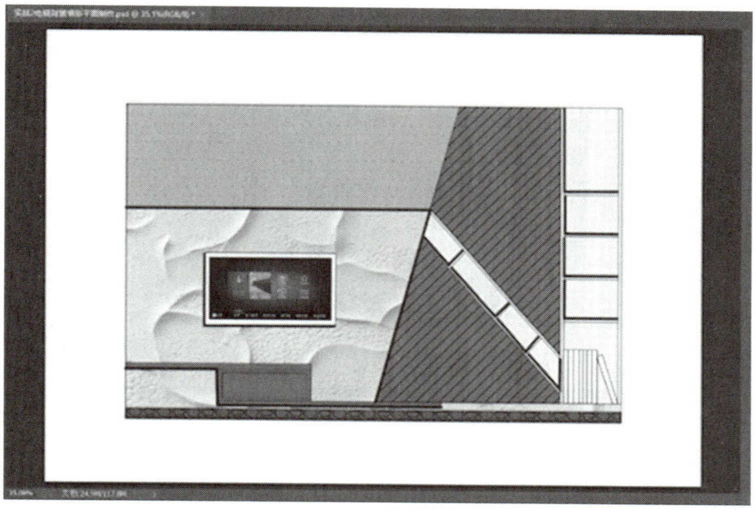

图 3-73　制作阴影效果

⑩选择【滤镜】—【模糊】—【高斯模糊】，弹出【高斯模糊】对话框，【半径】设为 12 像素，单击【确定】，如图 3-74 所示。

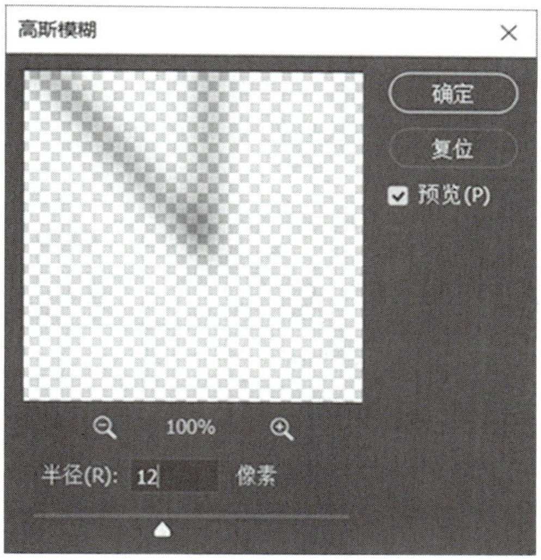

图 3-74　设置高斯模糊参数

⑪选择【多边形套索】工具，将多余部分删除，最终效果如图 3-75 所示。先将文档存储为 PSD 文件，随后存储为 JPG 文件，将 JPG 文件质量调到最佳，导出最终效果图。

图 3-75　最终效果

五、课后实战

实战任务为宣传折页制作，最终效果如图 3-76 所示。

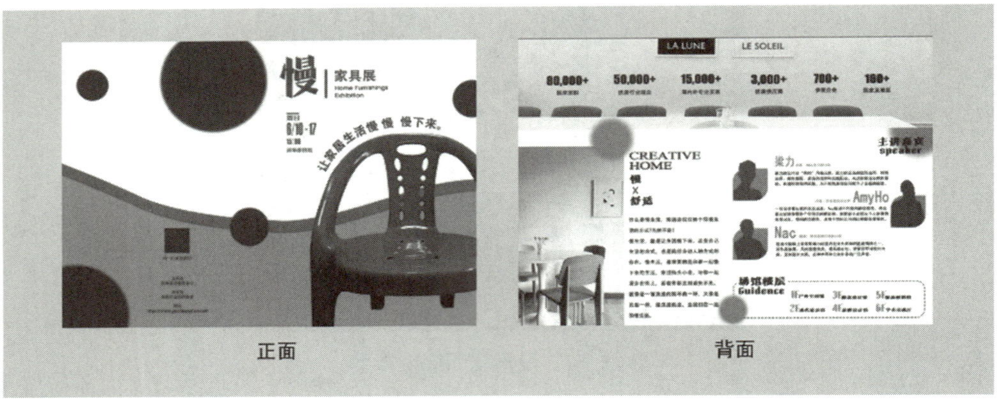

图 3-76　宣传折页

以下训练内容请扫码学习。

微课 3.2　宣传折页制作

第四章
认识装饰工具组应用

微课4　认识
装饰工具组应用

■ 本章导读

本章主要介绍修复与修补工具的应用、橡皮擦与渐变工具的应用、装饰图像工具的应用与技巧。修复与修补工具应用部分介绍如何利用污点修复画笔工具、修复画笔工具、修补工具、内容感知工具等可以快速地修复调整图像中的瑕疵部分。橡皮擦与渐变应用部分介绍利用橡皮擦工具、背景橡皮擦工具、魔术橡皮擦工具、渐变工具等可以快速调整擦除图像中指定区域。装饰图像工具应用部分介绍利用模糊工具、锐化工具、涂抹工具等对图像进行调整与优化，合理使用相应工具可以大大提升图像的制作效率。通过对装饰工具组的学习，巩固学生的全局意识、团队意识，培养精益求精的品格和创造，进一步树立和践行职业道德观。

一、修复与修补

1. 污点修复画笔工具

【污点修复画笔】工具适用于去除图像中比较小的杂点或杂斑，使用时不需要定义采样点，在想要消除的地方涂抹即可，不适合在较大面积中使用。选择【污点修复画笔】工具，或按快捷键【Shift+J】，其属性栏如图 4–1 所示。

图 4–1 污点修复画笔工具属性栏

打开“第四章 / 素材 / 海鸥”，如图 4–2 所示。选择【污点修复画笔】工具，然后在选项栏中选取比要修复的区域稍大一点的画笔笔尖。在图像需要处理的海鸥的位置单击或拖动即可去除污点，如图 4–3 所示。

图 4–2 原图

图 4–3 修复后

2. 修复画笔工具

【修复画笔】工具用于修复图像中的像素，校正瑕疵，使它们消失在周围的图像中。利用图像或图案中的样本像素来绘画，可以将样本像素的纹理、光照和阴影与源像素进行匹配，从而使修复后的像素不留痕迹地融入到图像的其余部分中。选择【修复画笔】工具，或按快捷键【Shift+J】，其属性栏如图 4–4 所示。

图 4–4 修复画笔工具属性栏

打开“第四章 / 素材 / 苹果”，如图 4–5 所示。选择【修复画笔】工具，按住【Alt】键，用鼠标选取一个取样点，在瑕疵部分拖动鼠标进行涂抹，修复后效果如图 4–6 所示。

图 4–5 原图

图 4–6 修复后

3. 修补工具

【修补】工具可以用其他区域或图像样本中的像素来修复选中的区域，同样可以将样本像素的纹理、光照和阴影与源像素进行匹配。修补工具在修复人脸部的皱纹或污点时显得尤为有效。选择【修补】工具 ，或按快捷键【Shift+J】，其属性栏如图 4–7 所示。

图 4–7 修补工具属性栏

打开“第四章 / 素材 / 花”，如图 4–8 所示。选择【修补】工具，在要修补的区域中拖动鼠标，从而定义一个选区。将鼠标移到选区中，按住鼠标左键，拖动选区到取样区域，如图 4–9 所示。然后松开鼠标，对其余瑕疵进行处理，最终效果如图 4–10 所示。

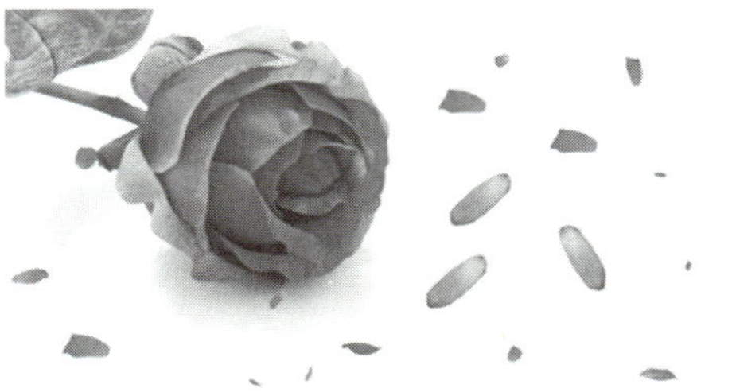

图 4–8 原图

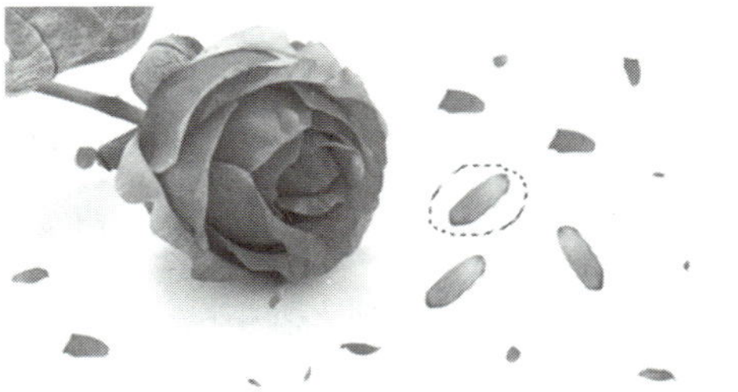

图 4–9 过程图

图 4–10 修复后

4. 内容感知移动工具

【内容感知移动】工具可以在不需要精确选择选区的情况下，将图像中某个区域的像素移动或复制到另一个区域，使整个画面重构，让重构后的画面在视觉上几乎没有违和感。选择【内容感知移动】工具，或按快捷键【Shift+J】，其属性栏如图 4–11 所示。

图 4–11　内容感知移动工具属性栏

打开“第四章 / 素材 / 小船”，如图 4–12 所示。选择【内容感知移动】工具，在“工具属性栏”设置模式为“移动”，然后按住鼠标左键拖动光标，在要移动的图像（小船）轮廓周围划线，当所划线条首尾衔接时便会形成“选区”。用光标指向“选区”，按住鼠标左键拖动选区，移动到一定的地方以后放开鼠标左键，效果如图 4–13 所示。

图 4–12　调整前

图 4–13　调整后

5. 红眼工具

【红眼】工具可以移除用闪光灯拍摄的人物照片中的红眼，也可以移除用闪光灯拍摄的动物照片中的白色、绿色的反光。选择【红眼】工具，或按快捷键【Shift+J】，其属性栏如图 4–14 所示。

图 4–14　红眼工具属性栏

①【瞳孔大小】：用于设置瞳孔的大小。

②【变暗量】：用于设置瞳孔的暗度。

打开“第四章 / 素材 / 红眼”，如图 4–15 所示。选择【红眼】工具，在红眼中点按。如果一次没有完全去除红眼，可以还原继续调整，在选项栏中设置一个或多个以下选项，然后再次点按图像中红眼部分，最终调整效果如图 4–16 所示。

图 4–15　修复前

图 4–16　修复后

6. 画笔工具

画笔工具的使用方法类似于实际中使用毛笔在画纸上绘画，可以表现出多种边缘柔软的效果。画笔工具的选项栏包括：画笔、模式、不透明度、流量和喷枪。选择【画笔】工具，或按快捷键【Shift+B】，其属性栏如图 4–17 所示，通过【画笔】工具栏可以调整画笔的大小、硬度及不透明度等信息。

图 4–17　画笔工具属性栏

选择【画笔】工具后，单击属性栏【画笔设置】按钮，打开【画笔设置】对话框。也可以选择【窗口】—【画笔】命令，打开“画笔”设置，如图 4–18 所示。

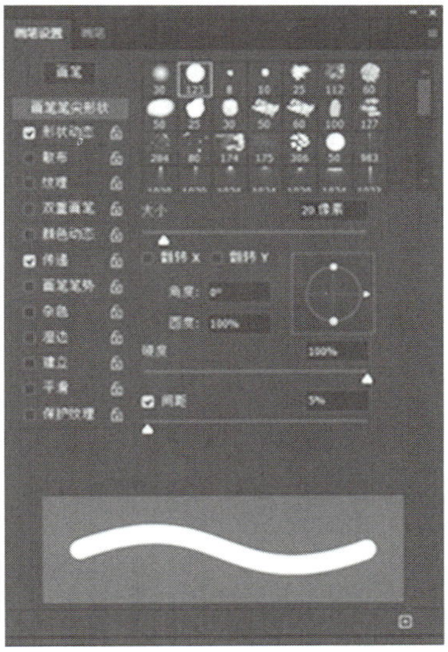

图 4–18　画笔设置

7. 铅笔工具

【铅笔】工具的使用方法与实际中运用铅笔在画纸上绘画是相似的，画出的曲线是硬的、有棱角的，其使用方法与画笔工具相同。选择【铅笔】工具，或按快捷键【Shift+B】，其属性栏如图 4–19 所示。

图 4-19　铅笔工具属性栏

【自动擦除】：此选项是铅笔工具的特殊功能。勾选此项后，使用铅笔工具绘图时，如果光标在与前景色相同的区域上绘制，则该区域将被涂抹成背景色。

8. 颜色替换工具

【颜色替换】工具能够简化图像中特定颜色的替换，可用于校正颜色。该工具不适用于位图、索引、多通道色彩模式的图像。选择【颜色替换】工具 ，或按快捷键【Shift+B】，其属性栏如图 4–20 所示。

图 4-20　颜色替换工具属性栏

①【模式】：用来选择混合模式。

②【取样】：用来设置颜色的取样方式。

③【限制】：在此选项的下拉列表中可以选择擦除的限制模式。

打开“第四章 / 素材 / 叶子”，选择【颜色替换】工具，设置前景色为红色，调整画笔尺寸，按住鼠标左键在叶片上进行涂抹，效果如图 4–21 所示。

图 4-21　叶子素材

9. 混合器画笔工具

【混合器画笔】工具是较为专业的绘画工具，通过属性栏的设置可以调节笔触的颜色、潮湿度、混合颜色等，这些就如同在绘制水彩或油画的时候，随意调节颜料的颜色、浓度、颜色混合等，可以绘制出更为细腻的效果图。选择【混合器画笔】工具 ，或按快捷键【Shift+B】，其属性栏如图 4–22 所示。

图 4–22　混合器画笔工具属性栏

10. 仿制图章工具

【仿制图章】工具是通过在图像中选择印制点复制图像。选择【仿制图章】工具 ，或按快捷键【Shift+S】，其属性栏如图 4–23 所示。

图 4–23　仿制图章工具属性栏

打开“第四章 / 素材 / 鸭子”，如图 4–24 所示，选择【仿制图章】工具，将光标移到图像窗口中，调整好画笔大小，按下【Alt】键的同时鼠标左键单击需要复制的部分（花朵部分）。松开【Alt】键，取样后，在图像中来回拖动鼠标，即可复制新的图像，效果如图 4–25 所示。

图 4–24　调整前

图 4–25　调整后

11. 图案图章工具

【图案图章】工具和【仿制图章】工具相似，区别是【图案图章】工具不在图像中取样，而是利用选项栏中的图案进行绘画，即从图案库中选择图案或自己创建图案来进行绘画。选择【图案图章】工具 ，或按快捷键【Shift+S】，其属性栏如图 4–26 所示。【图案图章】工具的选项栏包括：画笔、模式、不透明度、流量、对齐、印象派效果。

图 4-26 图案图章工具属性栏

①【图案】：单击此选项，会弹出下拉调板，这里储存着所定义过的图案可供选择。

②【印象派效果】：勾选此选项后，图像会产生印象派绘画的效果。

打开“第四章 / 素材 / 图案图章”，选择【矩形选框】工具，在图像上创建一个矩形选区。选择【编辑】—【定义图案】命令，将其定义为样本，如图 4–27 所示。

打开“第四章 / 素材 / 帽子”，并创建选区，如图 4–28 所示。选择【图案图章】工具，选择工具栏上的图案选项。取消工具栏上的【对齐】和【印象派效果】选项。在矩形选区中来回拖动鼠标，最终绘制出如图 4–29 所示效果。

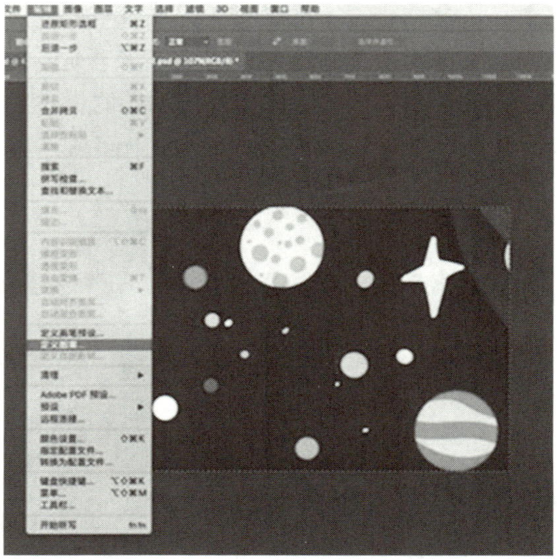

图 4–27 图案图章素材

图 4–28 帽子素材

图 4–29 最终效果

12. 历史记录画笔工具

【历史记录画笔】工具通过重新创建指定的原数据进行绘制，【历史记录画笔】工具可与“历史记录”面板配合使用。选择【历史记录画笔】工具 ，或按快捷键【Shift+Y】，其属性栏如图 4–30 所示。

图 4–30　历史记录画笔工具属性栏

打开“第四章 / 素材 / 风景”，如图 4–31 所示。选择【滤镜】—【锐化】—【锐化】命令；再选择【图像】—【调整】—【色阶】命令；最后选择【滤镜】—【风格化】—【查找边缘】命令。单击锐化这一层历史记录左侧的小方块，这时方块内会出现一个历史记录画笔的图标。选择【历史记录画笔】工具，在选项栏中选择好各项属性，在图像上绘制，一幅水彩画就出现了，如图 4–32 所示。

图 4–31　调整前

图 4–32　调整后

13. 历史记录艺术画笔工具

【历史记录艺术画笔】工具可指定历史记录状态或者快照中的数据源，以特定的风格进行绘画，可以在“画笔”面板中设置不同的画笔。选择【历史记录艺术画笔】工具 ，或按快捷键【Shift+Y】，其属性栏如图 4–33 所示。

图 4–33　历史记录艺术画笔工具属性栏

二、橡皮擦与渐变

1. 橡皮擦工具

【橡皮擦】工具是用来擦除颜色的工具。选择【橡皮擦】工具，或按快捷键【Shift+E】，其属性栏如图 4–34 所示。

图 4–34　橡皮擦工具属性栏

①【画笔】：选择橡皮擦工具的形状和大小。

②【模式】：介绍橡皮擦工具的擦除方式。

③【不透明度】：设置工具的不透明度。

④【流量】：设定每个点色彩浓度的百分数，使用方法和画笔工具相同。

⑤【喷枪】：可以使画笔具有喷枪的性质，可以直接绘画。

⑥【抹到历史记录】：勾选此项后，橡皮擦工具就具有与历史记录画笔相同的功能，使用方法也与历史记录画笔相同。

2. 背景橡皮擦工具

【背景橡皮擦】工具可以将图层中的像素擦除，使之成为透明区域。可以使用【背景橡皮擦】工具进行选择性的擦除。选择【背景橡皮擦】工具，或按快捷键【Shift+E】，其属性栏如图 4–35 所示。

图 4–35　背景橡皮擦工具属性栏

①【画笔】：使用方法和前面介绍的画笔工具的使用方法一样。

②【取样】：用来设置颜色的取样方式。

③【限制】：背景橡皮擦工具的擦除界限。

④【容差】：通过输入数字或拖动滑块进行调节。

⑤【保护前景色】：勾选此项后，能够保护前景色，使之不会被擦除。

打开“第四章 / 素材 / 小猫”，如图 4–36 所示。选择【背景橡皮擦】工具，调整其属性栏参数，调整合适画笔大小之后，沿小猫轮廓进行擦除，过程如图 4–37 所示。进而沿着外轮廓进行多次擦除调整，同时可结合橡皮擦工具进行边缘的擦除，最终效果如图 4–38 所示。

图 4–36　小猫素材

图 4–37　过程图

图 4–38　效果图

3. 魔术橡皮擦工具

【魔术橡皮擦】工具的工作原理与魔术棒工具相似。使用时只需在需要清除的地方点击一下，即可删除与该点颜色相近的所有区域。选择【魔术橡皮擦】工具 ，或按快捷键【Shift+E】，其属性栏如图 4–39 所示。

图 4–39　魔术橡皮擦工具属性栏

①【容差】：数值越小，选取的颜色范围越接近；数值越大，选取的颜色范围越大。

②【消除锯齿】：可以使被擦除区域的边缘变得平滑。

③【连续】：在当前工作图层进行擦除。

④【对所有图层取样】：勾选此项，可以把所有图层作为一层进行擦除。

⑤【不透明度】：100% 的不透明度能完全擦除像素，较低的不透明度将部分擦除像素。

打开“第四章 / 素材 / 鞋子”，如图 4–40 所示。选择【魔术橡皮擦】工具，在选项栏中保持默认参数，并确保“连续”复选项为勾选状态。移动鼠标到背景上点击一下，与鼠标落点处颜色相近且相连的颜色被擦除，效果如图 4–41 所示。

图 4-40　调整前

图 4-41　调整后

4. 渐变工具

【渐变】工具用于在图像或图层中形成一种色彩渐变的图像效果。选择【渐变】工具，或按快捷键【Shift+G】，其属性栏如图 4-42 所示。

图 4-42　渐变工具属性栏

单击【点按可编辑渐变】按钮，弹出【渐变编辑器】对话框，如图 4-43 所示。渐变类型包括：线性渐变、径向渐变、角度渐变、对称渐变和菱形渐变。使用时点击所需渐变类型对应的按钮，在图像中绘制即可。

①【线性渐变】：从起点到终点以直线渐变，如图 4-44 所示。

②【径向渐变】：从起点到终点以圆形图案渐变，如图 4-45 所示。

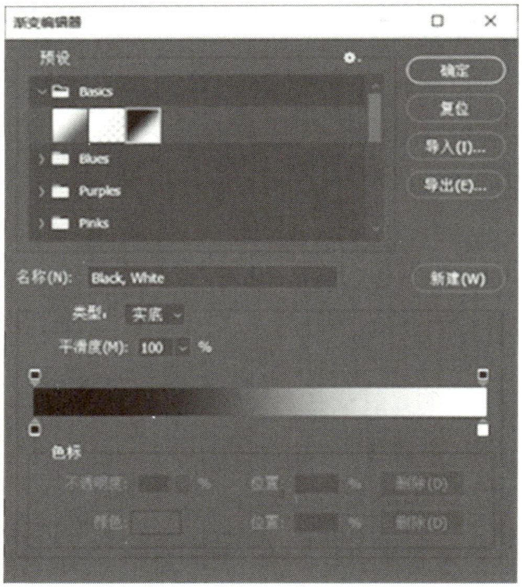

图 4-43　渐变编辑器

图 4-44　线性渐变

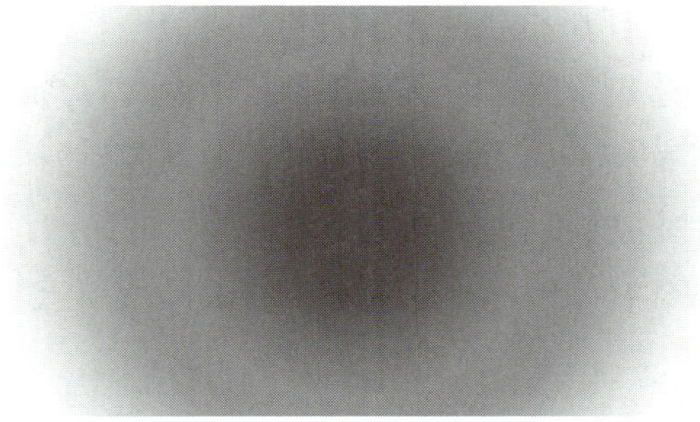

图 4-45　径向渐变

③【角度渐变】：围绕起点以逆时针方向环绕渐变，如图 4-46 所示。

④【对称渐变】：在起点两侧产生对称直线渐变，如图 4-47 所示。

⑤【菱形渐变】：从起点到终点以菱形图案渐变，如图 4-48 所示。

图 4-46　角度渐变

图 4-47　对称渐变

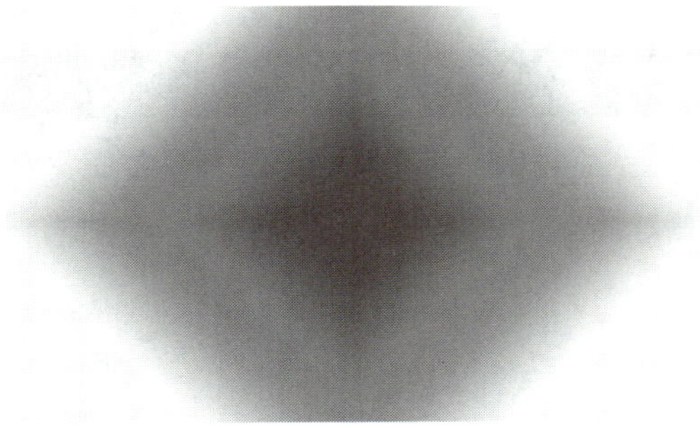

图 4-48　菱形渐变

5. 油漆桶工具

选择【油漆桶】工具  ，或按快捷键【Shift+G】，其属性栏如图 4-49 所示。

图 4-49　油漆桶工具属性栏

打开“第四章 / 素材 / 小猴子”，如图 4–50 所示。选择【油漆桶】工具，将【填充】设置为“前景”，【模式】设置为“颜色”，【容差】设置为“60”。进而，打开色板面板，用【油漆桶】工具在颜色面板上拾取颜色（光标变成吸管），改变前景色，用【油漆桶】工具填充卡通人物的面部，如图 4–51 所示。采用同样的方法，填充衣服和鞋等地方，最终效果如图 4–52 所示。

图 4–50　小猴子

图 4–51　过程图

图 4–52　效果图

6. 3D 材质拖放工具

选择【3D 材质拖放】工具 ，或按快捷键【Shift+G】，其属性栏如图 4–53 所示。可以将 3D 材质拖到 3D 模型上进行填充，不需要点击模型上的面进行材质的更换。

图 4–53　3D 材质拖放工具属性栏

三、装饰图像

1. 模糊工具

【模糊】工具可使图像部分区域变模糊，通过将画面其余部分进行模糊处理，可突出主体。选择【模糊】工具 ，其属性栏如图 4–54 所示。

图 4-54　模糊工具属性栏

打开“第四章/素材/鸡尾酒”，如图4-55所示，选择【模糊】工具，在需要突出的主体之外的区域即图像中背景部分，按下鼠标左键反复拖动鼠标，以达到背景模糊的效果，最终效果如图4-56所示。注意【模糊】工具的操作类似于喷枪的可持续作用，也就是说鼠标在一个地方停留时间越久，这个地方被模糊的程度就越大。

图 4-55　调整前

图 4-56　调整后

2. 锐化工具

【锐化】工具与【模糊】工具的效果相反，是将画面中模糊的部分变得清晰，强化色彩的边缘。但过度使用会造成明显的色斑，使图案边缘大量失真。因此在使用过程中应选择较小的强度使用。选择【锐化】工具，其属性栏如图4-57所示。

图 4-57　锐化工具属性栏

打开“第四章/素材/鸡蛋花”，如图4-58所示，选择【锐化】工具，在需要突出的图像部分按下鼠标左键反复拖动鼠标，以达到突出主体的效果，最终效果如图4-59所示。

图 4-58 调整前

图 4-59 调整后

3. 涂抹工具

选择【涂抹】工具，其属性栏如图 4–60 所示。其属性栏中的内容与【模糊】工具属性栏的选项内容类似，增加的【手指绘画】复选框，用于设定是否按前景色进行涂抹。

图 4-60 涂抹工具属性栏

打开“第四章 / 素材 / 黄花风铃木”，进行涂抹工具的操作。图 4–61 所示为选中【手指绘画】复选框时涂抹的效果，并且前景色为黄色；图 4–62 为未选中【手指绘画】复选框时涂抹的效果。

图 4-61 效果一

图 4-62 效果二

4. 减淡工具

【减淡】工具也可以称为加亮工具，主要是对图像进行加光处理以实现对图像的颜色进行减淡，其减淡的范围可以通过选择笔头大小进行调整。选择【减淡】工具，或按快捷键【Shift+O】，其属性栏如图 4–63 所示。

图 4–63　减淡工具属性栏

①【范围】：用于设定图像中所要提高亮度的区域。

②【曝光度】：用于设定曝光的强度。

打开“第四章 / 素材 / 火炬凤梨”，如图 4–64 所示。选择工具箱中【减淡】工具的属性栏，单击画笔右侧的三角按钮，在打开的下拉列表中设置画笔的主直径、硬度和形状；按住鼠标左键不放，在图像中反复拖动，被涂抹后的图像区域亮度提高，调整后效果如图 4–65 所示。

图 4–64　调整前

图 4–65　调整后

5. 加深工具

【加深】工具与【减淡】工具相反，也可称为变暗工具。选择【加深】工具，或按快捷键【Shift+O】，其属性栏如图 4–66 所示。

图 4–66　加深工具属性栏

打开“第四章 / 素材 / 城市夜景”，如图 4–67 所示。选择【加深】工具，调整画笔尺寸，在其属性栏【范围】中选择“阴影”，进而将光标移至图像天空处进行涂抹，最终效果如图 4–68 所示。

图 4-67　调整前

图 4-68　调整后

6. 海绵工具

选择【海绵】工具，或按快捷键【Shift+O】，其属性栏如图 4-69 所示。

图 4-69　海绵工具属性栏

①【画笔】：用于选择画笔的形状。

②【模式】：用于设定饱和度处理方式。

③【流量】：用于设定扩散的速度。

打开“第四章 / 素材 / 油菜花”，如图 4-70 所示。选择【海绵】工具，调整画笔尺寸，在其属性栏【模式】中选择“加色”，【流量】为“50%”，进而将光标移至图像处进行涂抹，最终效果如图 4-71 所示。

图 4-70　调整前

图 4-71　调整后

四、课堂实战

实战任务为水果网店设计制作，最终效果如图 4-72 所示。

微课 4.1　水果网店设计制作

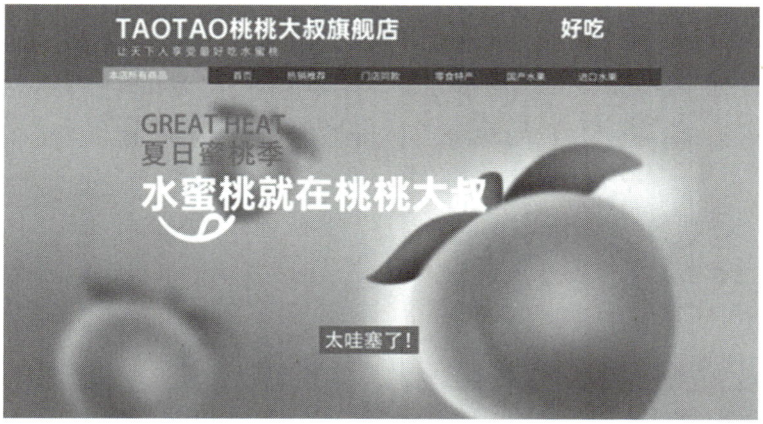

图 4-72　水果网店设计

实战步骤

①启动 Photoshop 软件。自定义一个宽 19.2 cm× 高 10.8 cm 的文档，分辨率为 300 像素，RGB 模式，单击【创建】。

②选择【矩形选框】工具，绘制矩形。选择【渐变】工具，属性栏设置为【径向渐变】，单击【渐变编辑器】，弹出【渐变编辑器】对话框，设置渐变颜色，如图 4-73 所示。

③选择【矩形选框】工具，属性栏设置为【像素】，绘制导航，最终效果如图 4-74 所示。

图 4-73　绘制渐变矩形

图 4-74　绘制导航

④选择【钢笔】工具，属性栏设置为【形状】，绘制水蜜桃形状，填充红色（R224、G80、B65），如图 4–75 所示。选择【减淡】工具，设置画笔【大小】，涂抹水蜜桃立体感，如图 4–76 所示。

⑤选择【钢笔】工具，属性栏设置为【形状】，绘制叶子造型，填充绿色（R109、G179、B131），如图 4–77 所示。选择【加深】工具，设置画笔【大小】，涂抹叶子立体感，如图 4–78 所示。

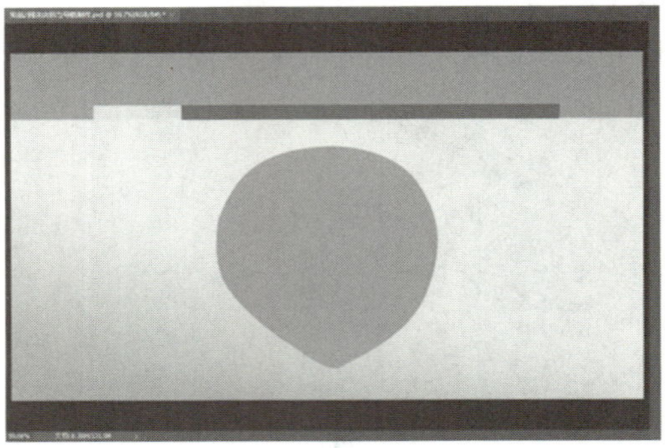

图 4–75　绘制水蜜桃

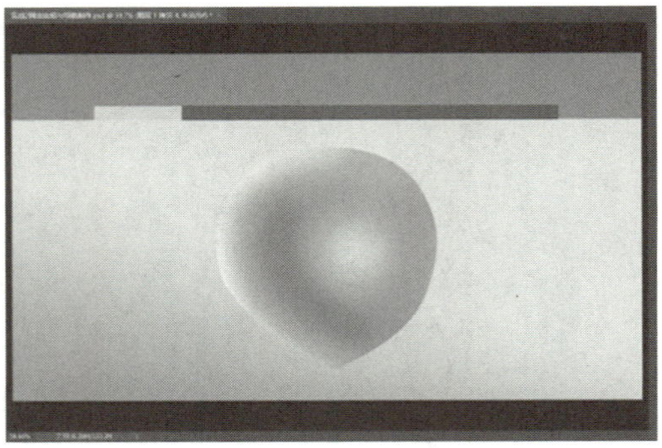

图 4–76　蜜桃立体感效果

图 4–77　绘制叶子

图 4–78　叶子立体感

⑥选择【钢笔】工具，属性栏设置为【形状】，绘制枝干造型，填充黄色（R210、G133、B31），如图 4–79 所示。选择【加深】工具，设置画笔【大小】，涂抹枝干立体感，如图 4–80 所示。

图 4–79　绘制枝干

图 4–80　枝干立体感

⑦选择【滤镜】—【模糊】—【高斯模糊】，弹出【高斯模糊】对话框，设置半径“6.5 像素”，单击【确定】，如图 4–81 所示。

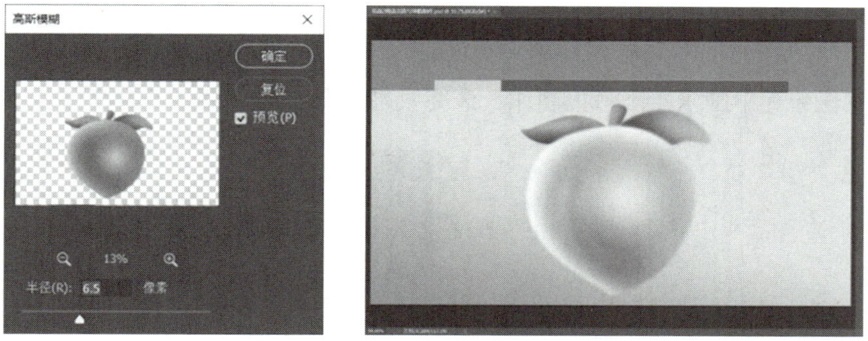

图 4–81　高斯模糊效果

⑧按快捷键【Ctrl+T】旋转角度，复制两个，调整大小与位置，如图 4–82 所示。设置前景色为白色（R255、G255、B255）。选择【画笔】工具，属性栏设置画笔【大小】，绘制圆弧，如图 4–83 所示。

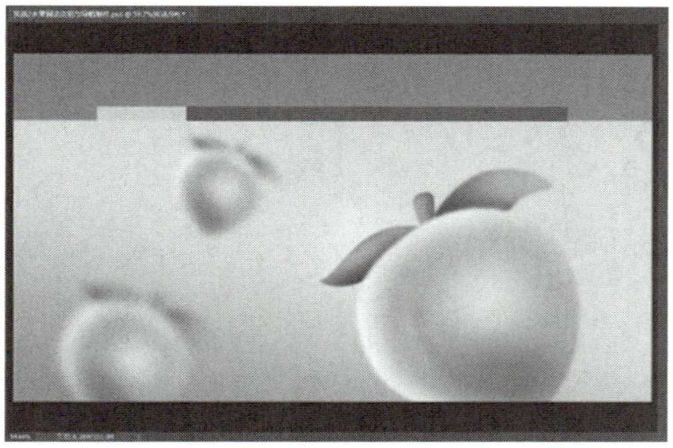

图 4–82　复制水蜜桃效果

图 4–83　添加画面效果

⑨设置前景色为白色（R255、G255、B255）。选择【横排文字】工具 T，输入“TAOTAO 桃桃大叔旗舰店”等相关信息，如图 4–84 所示。先将文档存储为 PSD 文件，随后存储为 JPG 文件，将 JPG 文件质量调到最佳质量，导出最终效果图。

图 4–84　添加文字效果

五、课后实战

实战任务为中国乐器阮海报制作，最终效果如图 4–85 所示。

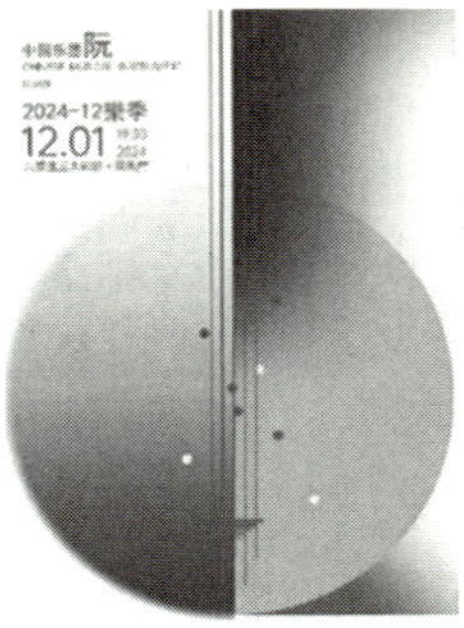

图 4–85　中国乐器阮海报

以下训练内容请扫码学习。

微课 4.2　中国乐器阮海报制作

第五章 认识造型工具组应用

微课 5 认识造型工具组应用

本章导读

本章主要介绍绘制路径应用、绘制文字应用、绘制图形应用的方法与技巧。绘制路径应用主要讲解钢笔工具的作用以及如何利用各类钢笔工具快速地绘制所需路径并对路径进行修改和编辑。绘制文字应用详细讲解了文字的工具选项栏、横排文字、直排文字、直排文字蒙版、横排文字蒙版与创建文字选区。绘制图形应用主要讲解如何绘制出系统自带的图形或自定义所需要的图形。结合案例操作，学生能够提高对不同造型工具命令操作的熟练程度，极大提升图像制作的效率。同时通过基础设计能力训练，学生能够提升解决实际问题的能力。

一、绘制路径应用

1. 钢笔工具

选择【钢笔】工具，或按快捷键【Shift+P】，其属性栏如图 5–1 所示。

图 5–1　钢笔工具属性栏

选择【钢笔】工具，单击建立新的锚点并按住鼠标不放，拖曳鼠标产生两个锚点，如图 5–2 所示。按住【Alt】键，【钢笔】工具移到锚点上时，暂时将【钢笔】工具转换为【转换点】工具，可以删除锚点，如图 5–3 所示。按住【Ctrl】键，【钢笔】工具转换成【直接选择】工具可以直接调整锚点，如图 5–4 所示。

图 5–2　锚点

图 5–3　删除锚点

图 5–4　调整锚点

2. 自由钢笔工具

选择【自由钢笔】工具，或按快捷键【Shift+P】，其属性栏如图 5–5 所示。

图 5–5　自由钢笔工具属性栏

在鹿的身上任意位置单击鼠标，确定最初锚点，然后鼠标沿着图像进行拖曳并单击，确定其他的锚点，如图 5–6 所示。如果在选择中存在误差，只需要使用【直接选择】工具对路径进行修改和调整，如图 5–7 所示。

图 5-6 锚点

图 5-7 修改调整锚点

3. 弯度钢笔工具

选择【弯度钢笔】工具，或按快捷键【Shift+P】，其属性栏如图 5-8 所示。

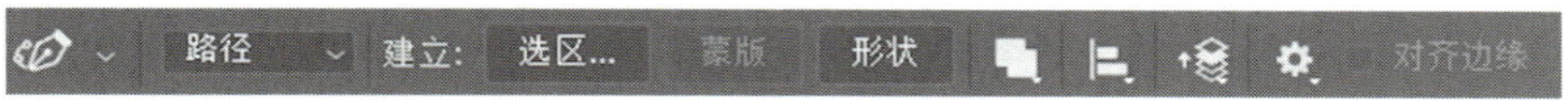

图 5-8 弯度钢笔工具属性栏

用【弯度钢笔】工具单击建立新的锚点，单击拖曳鼠标产生一个弯曲锚点，如图 5-9 所示。

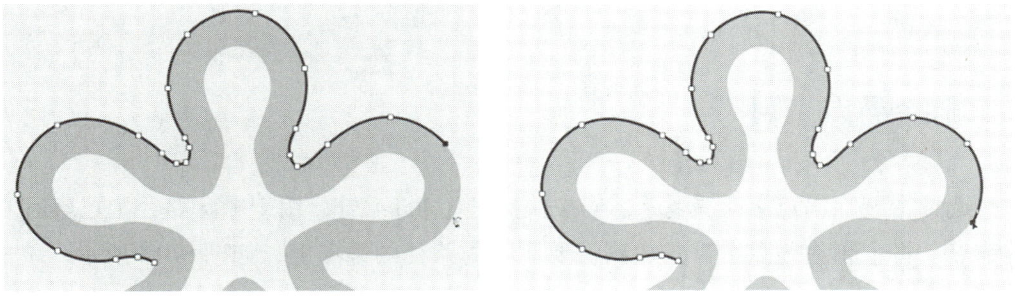

图 5-9 锚点

4. 添加锚点工具

选择【添加锚点】工具，或按快捷键【Shift+P】，可以在任何路径上添加锚点。将【添加锚点】工具放到要添加的路径上，如图 5-10 所示。单击路径即可添加锚点，效果如图 5-11 所示。

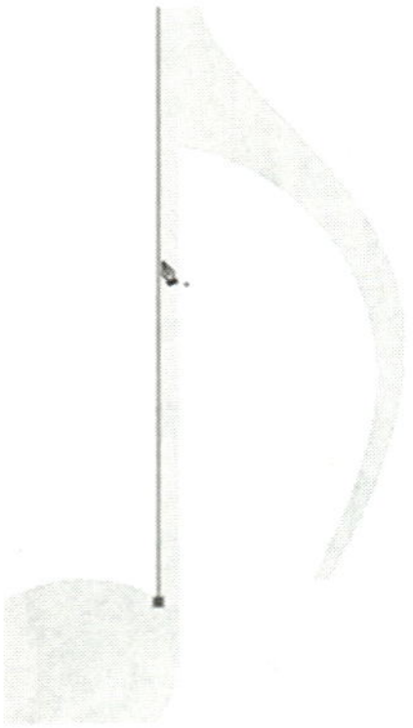

图 5-10　添加锚点

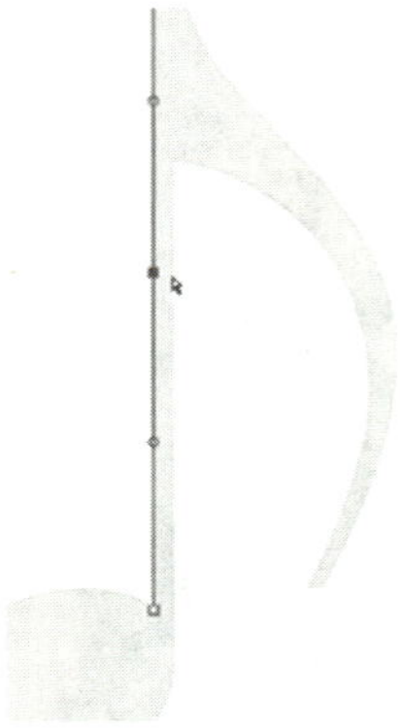

图 5-11　路径添加锚点

将【添加锚点】工具放到路径锚点上，如图 5-12 所示。单击鼠标添加锚点后按住鼠标不放，向上拖曳鼠标，建立曲线段和曲线锚点，效果如图 5-13 所示。

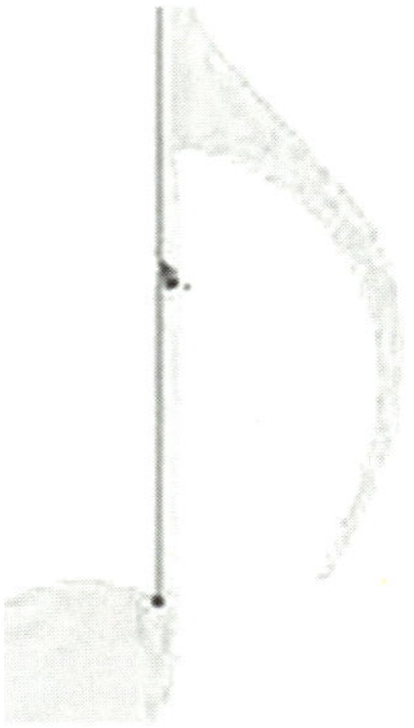

图 5-12　添加锚点

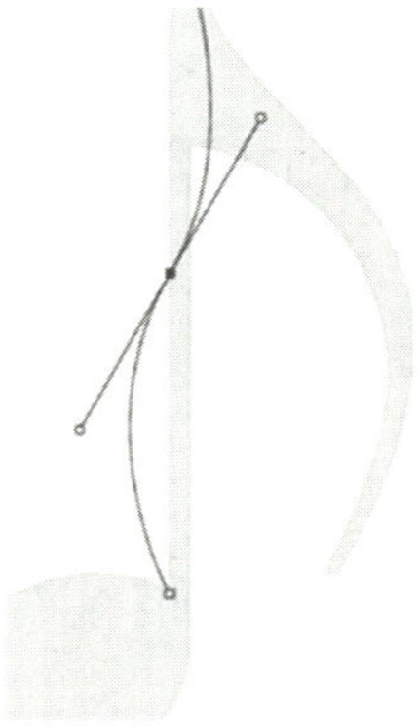

图 5-13　曲线段和曲线锚点

5. 删除锚点工具

选择【删除锚点】工具 ，或按快捷键【Shift+P】，用于删除路径上已经存在的锚点。将【删除锚点】工具放到将要删除的路径的锚点上，如图 5-14 所示。单击锚点将其删除，效果如图 5-15 所示。

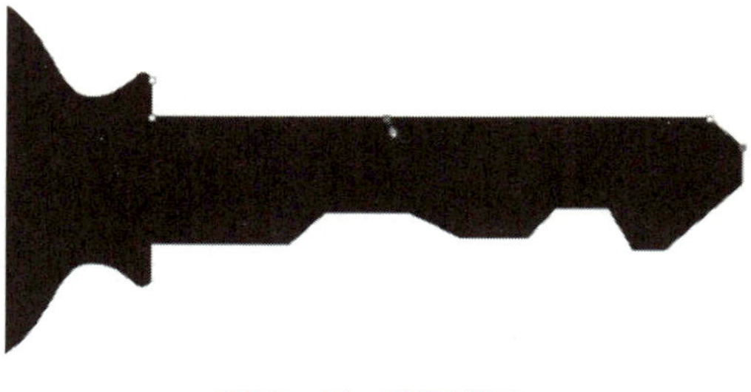

图 5-14　删除锚点

图 5-15　删除路径上锚点

将【删除锚点】工具放到曲线路径的锚点上，如图 5–16 所示。单击锚点将其删除，效果如图 5–17 所示。

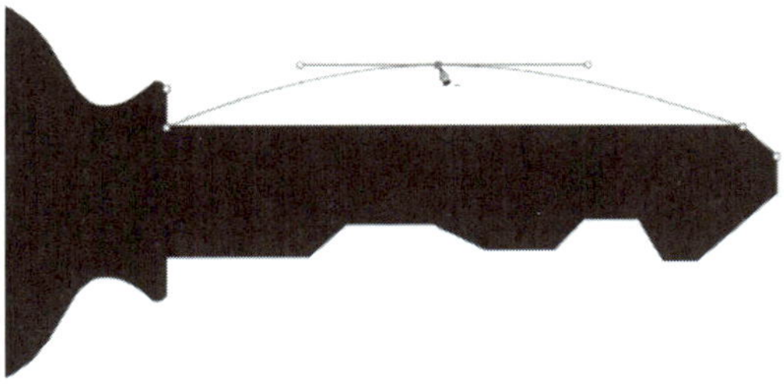

图 5–16　删除锚点

图 5–17　删除路径上锚点

6. 转换点工具

选择【转换点】工具，或按快捷键【Shift+P】，将鼠标放置到要转换的锚点上。按住【Shift】键，拖曳其中的一个锚点，将手柄以 45° 或 45° 的倍数进行改变，如图 5–18 所示。按住【Alt】键，拖曳手柄，可以任意改变两个调节手柄中的一个手柄，而不影响另一个手柄的位置。

图 5–18　转换点

7. 路径选择工具

选择【路径选择】工具，或按快捷键【Shift+A】，其属性栏如图 5–19 所示。

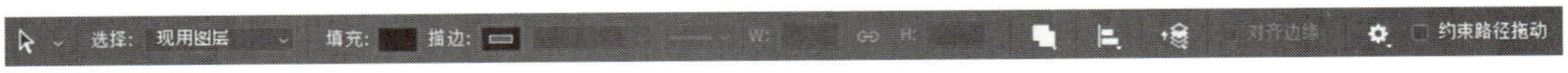

图 5–19　路径选择工具属性栏

使用选项栏可自定义工具设置【路径操作】、【路径对齐方式】、【路径排列方式】，以获得所需的效果。选择【路径选择】工具可以选择单个或按【Shift】键选择多个路径，如图 5-20 所示。

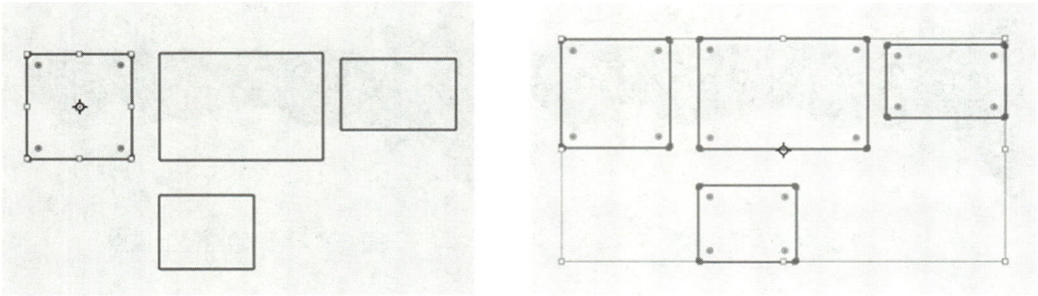

图 5-20　选择多个路径

8. 直接选择工具

选择【直接选择】工具，或按快捷键【Shift+A】，其属性栏如图 5-21 所示。

图 5-21　直接选择工具属性栏

【直接选择】工具用于移动路径中的锚点或线段，还可以调整手柄和控制点。路径的原始效果，如图 5-22 所示。选择【直接选择】工具，拖曳路径中的锚点来改变路径的弧度，如图 5-23 所示。

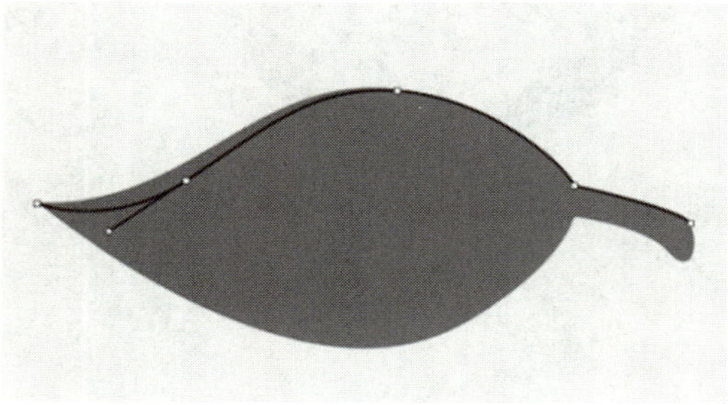

图 5-22　路径原始效果

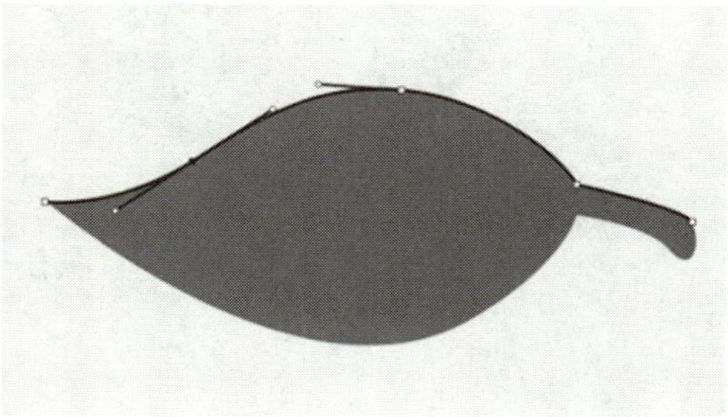

图 5-23　改变路径锚点

二、绘制文字应用

1. 横排文字工具

选择【横排文字】工具，或按快捷键【Shift+T】，其属性栏如图 5-24 所示。

图 5-24　横排文字工具属性栏

单击属性栏中的按钮，弹出【变形文字】对话框，可以改变文字的形状，如图 5-25 所示。

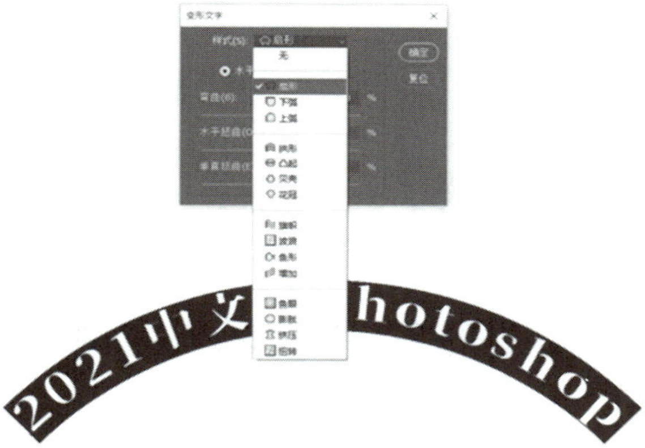

图 5-25　变形文字

2. 直排文字工具

选择【直排文字】工具，或按快捷键【Shift+T】，其属性栏如图 5-26 所示。

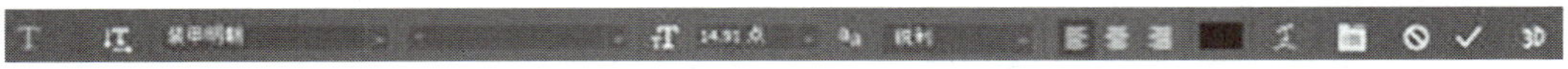

图 5-26　直排文字工具属性栏

单击属性栏中的按钮，弹出【变形文字】对话框，可以改变文字的形状，如图 5-27 所示。

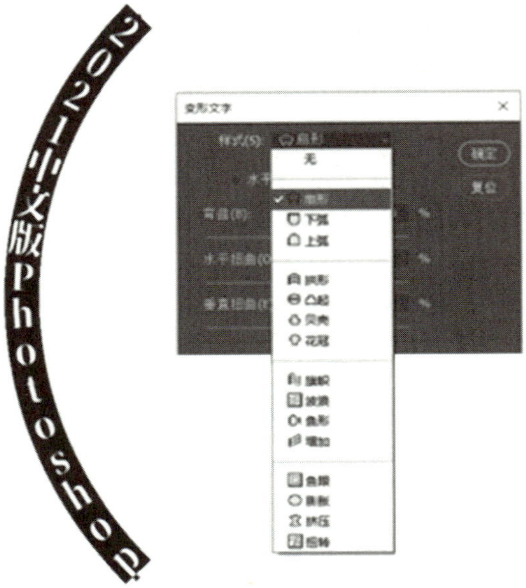

图 5-27　变形文字

3. 直排文字蒙版工具

选择【直排文字蒙版】工具，或按快捷键【Shift+T】，其属性栏如图 5-28 所示。其属性栏中的内容与直排文字工具属性栏的选项内容类似，只少了“创建 3D”选项。

图 5-28　直排文字蒙版工具属性栏

单击【直排文字蒙版】工具，输入文字自动生成蒙版，如图 5-29 所示。单击确定自动产生选区，可以任意填充颜色，如图 5-30 所示。

图 5-29　直排文字蒙版

图 5-30　直排文字蒙版选区

4. 横排文字蒙版工具

选择【横排文字蒙版】工具，或按快捷键【Shift+T】，其属性栏如图 5–31 所示。其属性栏中的内容与横排文字工具属性栏的选项内容类似，只少了“创建 3D”选项。

图 5–31　横排文字蒙版工具属性栏

单击【横排文字蒙版】工具，输入文字自动生成蒙版，如图 5–32 所示。单击确定自动产生选区，可以任意填充颜色，如图 5–33 所示。

图 5–32　横排文字蒙版

图 5–33　横排文字蒙版选区

三、绘制图形应用

1. 矩形工具

选择【矩形】工具 ，或按快捷键【Shift+U】，其属性栏如图 5–34 所示。

图 5–34　矩形工具属性栏

直接点击操作界面空白处，弹出【创建矩形】对话框，直接设置宽度、高度、半径，操作及效果如图 5-35 所示。

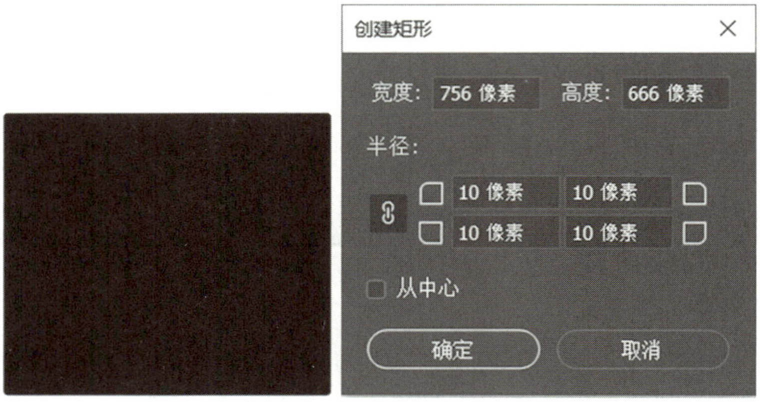

图 5-35 【创建矩形】对话框及效果

2. 椭圆工具

选择【椭圆】工具 ，或按快捷键【Shift+U】，其属性栏如图 5-36 所示。

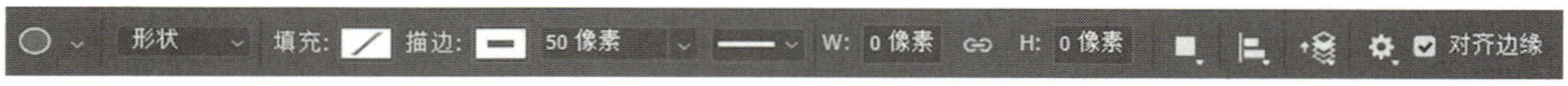

图 5-36 椭圆工具属性栏

直接点击操作界面空白处，弹出【创建椭圆】对话框，直接设置宽度、高度，操作及效果如图 5-37 所示。

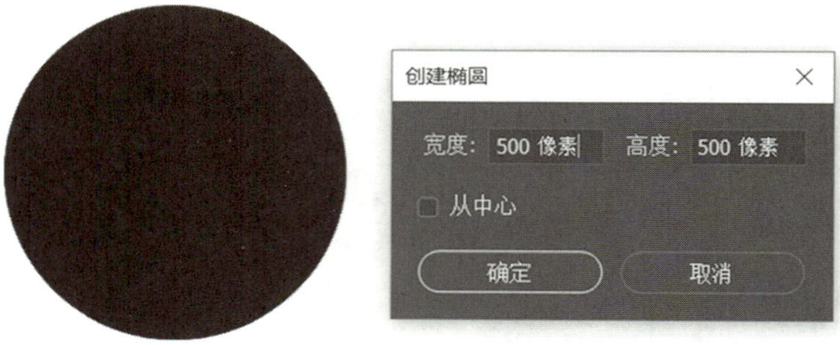

图 5-37 【创建椭圆】对话框及效果

3. 三角形工具

选择【三角形】工具 ，或按快捷键【Shift+U】，其属性栏如图 5-38 所示。

图 5-38　三角形工具属性栏

直接点击操作界面空白处，弹出【创建三角形】对话框，设置宽度、高度、圆角半径，操作及效果如图 5-39 所示。

图 5-39 【创建三角形】对话框及效果

4. 多边形工具

选择【多边形】工具，或按快捷键【Shift+U】，其属性栏如图 5-40 所示。

图 5-40 “多边形”工具属性栏

其属性栏中的内容与矩形工具属性栏中的内容类似，只是增加了【边】选项功能，用于设置多边形的边数，如图 5-41 所示。

图 5-41　绘制多边形

直接点击操作界面空白处，弹出【创建多边形】对话框，直接设置尺寸大小和边数等，操作及效果如图 5-42 所示。

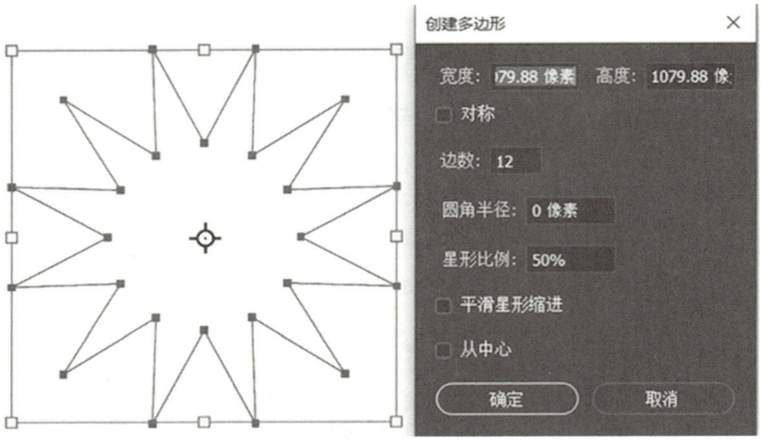

图 5-42 【创建多边形】对话框及效果

5. 直线工具

选择【直线】工具 ，或按快捷键【Shift+U】，其属性栏如图 5-43 所示。

图 5-43 直线工具属性栏

其属性栏中的内容与矩形工具属性栏中的内容类似，只是增加了【粗细】选项功能，用于设定直线的宽度，如图 5-44 所示。

图 5-44 设定直线宽度

6. 自定形状工具

选择【自定形状】工具 ，或按快捷键【Shift+U】，其属性栏如图 5-45 所示。

图 5-45 自定形状工具属性栏

单击【形状】选项右侧的按钮 ，弹出如图 5-46 所示的形状面板，面板中存储了软件自带的各种不同形状图案。

应用自定义命令来制作自定义形状，使用【钢笔】工具在图像窗口中绘制路径并填充路径，效果如图 5-47 所示。

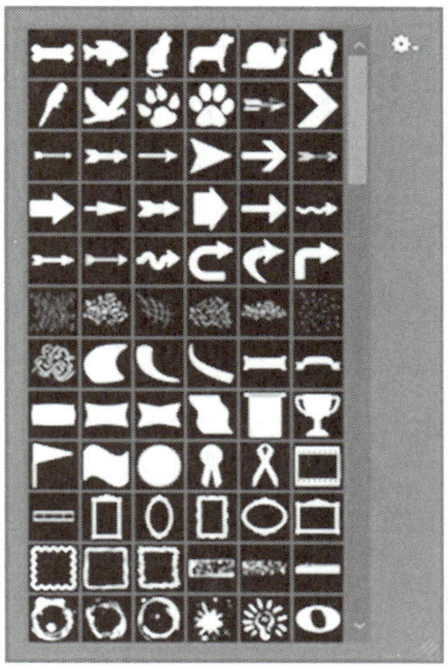

图 5-46　形状面板

图 5-47　自定义形状

选择菜单【编辑】—【自定义形状】命令，弹出【形状名称】对话框，在【名称】选项的文本框中输入自定义形状的名称，如图 5-48 所示；单击【确定】按钮，在【形状】选项的画板中会显示刚才定义好的形状，如图 5-49 所示。

图 5-48　形状名称

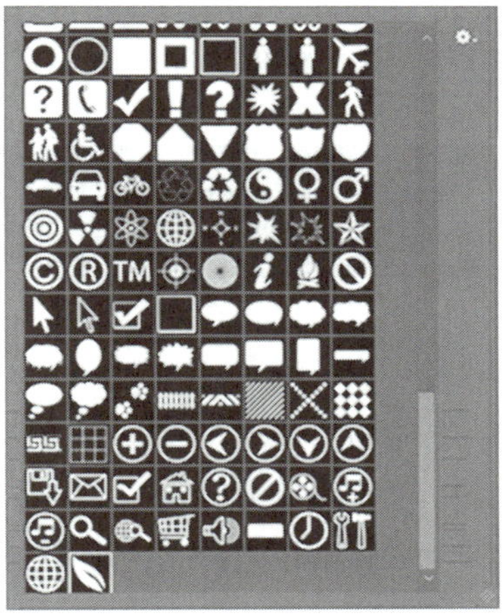

图 5-49　自定义形状

四、　课堂实战

微课 5.1　国庆节海报制作

实战任务为国庆节海报制作，实战最终效果如图 5-50 所示。

图 5-50　国庆海报

实战步骤

①启动 Photoshop 软件。新建一个宽 210 mm × 高 297 mm 的文档，分辨率为 300 像素 / 英寸，CMYK 模式，单击【创建】。

②新建【图层】，选择【渐变】工具，如图 5-51 所示。选择渐变样式【线性渐变】，默认颜色为红色。

图 5-51　设置渐变

③新建【图层】选择【形状工具】中的椭圆工具，按住快捷键【Shift】，画出正圆，填充颜色为橙色，添加【图层样式】为外发光。

④栅格化图层，选择【滤镜】工具，添加杂色，如图 5-52 所示。

⑤新建【图层】，选择【形状工具】中的多边形工具，画出正五角星，填充颜色为黄色，如图 5-53 所示。添加【图层样式】外发光，如图 5-54 所示。

⑥打开“第五章 / 素材 / 山水”图片，选择【图层样式】面板，鼠标左键单击【正片叠底】，如图 5-55 所示。

⑦打开“第五章 / 素材 / 鸽子”，调整相应位置，如图 5-56 所示。

⑧选择【横排文字】工具，分别输入文字“CHINA”“1949–2024”“热烈庆祝中华人民共和国成立 75 周年”，其中“CHINA”添加【图层样式】渐变叠加及内阴影。

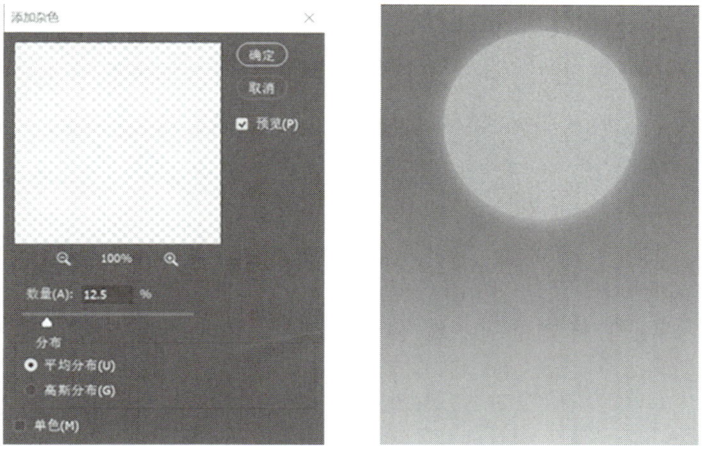

图 5-52　设置杂色参数

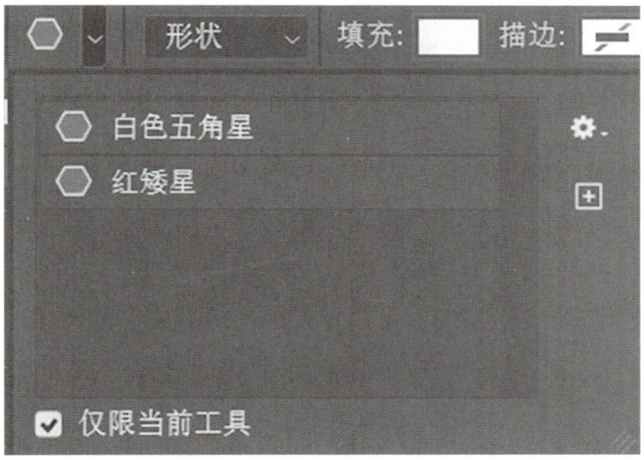

图 5-53　绘制五角星

图 5-54　添加外发光

图 5-55　添加素材

图 5-56　添加鸽子素材

⑨选择【竖排文字】工具，输入文字“国庆”。根据海报版式调整字体大小、位置，获得最终成品效果。

五、课后实战

实战任务为卡通吉祥物绘制，最终效果如图 5–57 所示。

图 5–57　卡通吉祥物

以下训练内容请扫码学习。

微课 5.2　卡通吉祥物绘制

第六章
认识通道与蒙版应用

微课 6　认识
通道与蒙版应用

■ 本章导读

本章主要介绍通道基础知识及其编辑、蒙版基础知识、图层蒙版、矢量蒙版、剪贴蒙版、快速蒙版。通过本章的学习，学生能够快速了解通道和蒙版的基本概念、分类和特点，通过掌握通道和蒙版的操作技巧，能够快速完成各类创意图像合成和图像优化工作。通过案例的学习，学生不仅能够提高图像处理能力和图像美化能力，制作出具有特殊效果的精美平面设计作品，而且能够逐步形成细致耐心、注重细节的工作态度和精益求精的工匠精神。

一、通道基础知识

通道的主要功能是储存和记录图像中的色彩信息、存储和创建选区信息，以便后期编辑图像。打开新图像时，Photoshop 会自动创建关于该图像的颜色通道，并显示在【通道】面板中，颜色通道中则记录了关于该图像的色彩信息。

在【通道】面板中，所打开图像的颜色模式决定了显示的颜色通道数目。RGB 模式的图像由红、绿、蓝 3 种通道记录色彩信息，而这 3 个颜色通道组合后成为 1 个 RGB 复合通道，如图 6–1 所示。而 CMYK 模式的图像由青色、洋红、黄色、黑色 4 个颜色通道及其 CMYK 复合通道组成，如图 6–2 所示。

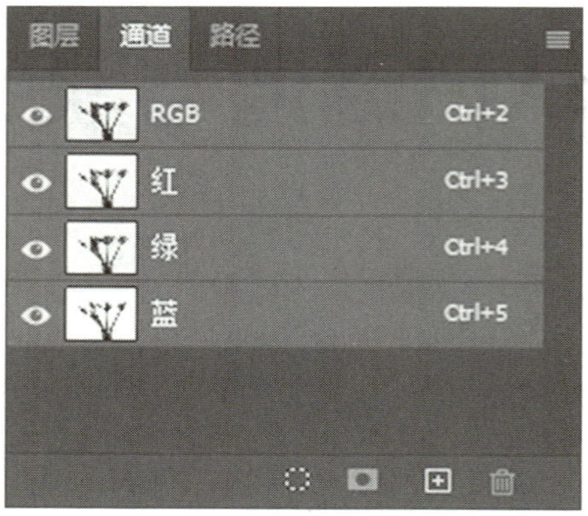

图 6–1　RGB 通道面板

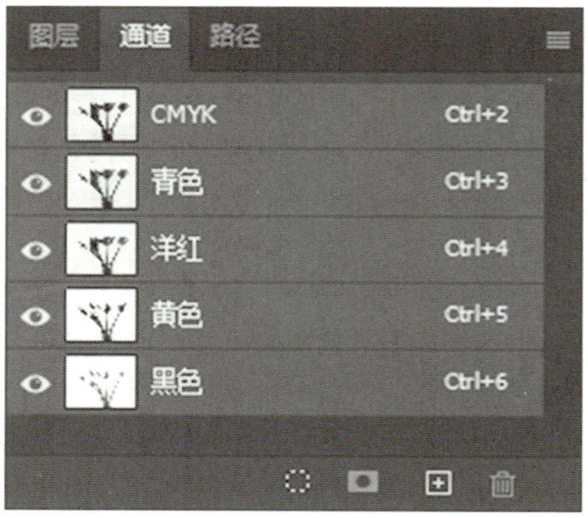

图 6–2　CMYK 通道面板

在【通道】面板底部有 4 个按钮，它们的含义如下。

①【将通道作为选区载入】：用于将通道中的选区调出。其快捷操作是按住【Ctrl】键不放的同时鼠标左键单击通道。

②【将选区储存为通道】：用于将选区储存到通道中。

③【创建新通道】：单击该按钮可用于创建新的 Alpha 通道。

④【删除当前通道】：单击该按钮可删除当前所选通道，或者将某通道拖到该按钮上即可将其删除。

除了图像本身的颜色通道外，用户也可以自己新建通道，即创建 Alpha 通道。Alpha 通道主要用于记录和储存选区信息，并在之后的操作中调出和使用选区。Alpha 通道将选区存储为 8 位灰度图像，并存储在图像的颜色通道中，后期可以利用【画笔】等工具对 Alpha 通道进行编辑以修改选区。

二、编辑通道

1. 新建通道

方法 1：点击【通道】面板下方 按钮，即可新建一个默认设置的通道，通常为“Alpha 1”通道。

方法 2：点击【通道】面板右上角 按钮，在弹出列表中选择“新建通道”。弹出【新建通道】对话框，如图 6–3 所示。在对话框中，【名称】用于设置当前通道名称，【色彩指示】用于选择两种区域方式，【颜色】用于设置新通道的颜色及其不透明度，完成设置后单击【确定】，即可在【通道】面板中创建新通道，即“Alpha 1”，如图 6–4 所示。

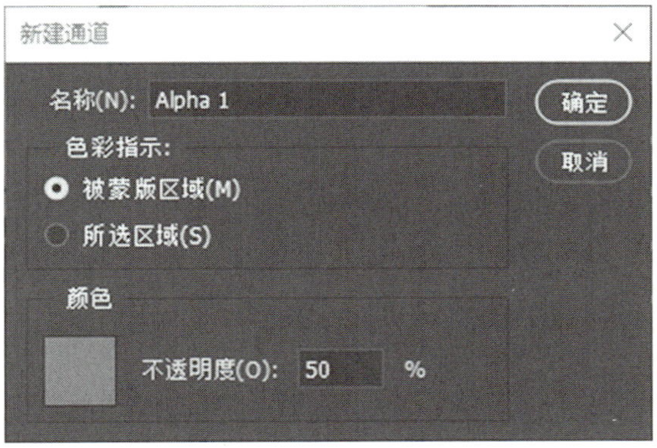

图 6–3　新建通道对话框

图 6–4　创建 Alpha 通道

2. 复制通道

方法 1：在【通道】面板中，选择需要复制的通道并将其拖到 按钮上，即可对该通道进行复制。

方法 2：在【通道】面板中选择需要复制的通道，点击【通道】面板右上角 按钮，在弹出列表中选择“复制通道”，在弹出的【复制通道】对话框中的【为】处可以设置复制出的新通道的名称，在【文档】中能够设置复制通道的文件来源，完成设置后单击【确定】即可对该通道进行复制，如图 6–5 所示。在【通道】面板中选择需要复制的通道，点击鼠标右键，在弹出列表中选择“复制通道”，同样可以调出【复制通道】对话框对通道进行复制。

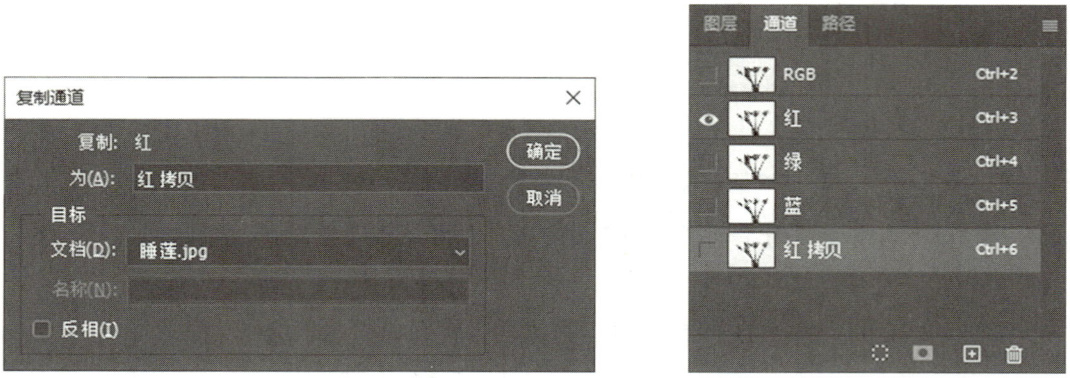

图 6-5　复制通道

3. 删除通道

方法 1：在【通道】面板中，选择需要删除的通道并将其拖到按钮上，即可将该通道删除。

方法 2：在【通道】面板中，选择需要删除的通道，单击鼠标右键，在弹出列表中选择“删除通道”，即可对该通道进行删除。

方法 3：在【通道】面板中选择需要删除的通道，点击【通道】面板右上角按钮，在弹出列表中选择“删除通道”，即可将其删除。

4. 分离通道

【分离通道】能够将每个通道分离为各自独立的图像文件。打开“第六章 / 素材 / 睡莲”，点击【通道】面板右上角按钮，在弹出列表中选择“分离通道”，则原【通道】面板中的红、绿、蓝通道将被分离成 3 个独立的 8 位灰度图像，如图 6–6 所示。

图 6-6　分离通道

5. 合并通道

【合并通道】能够将多幅灰度图像合并为一个图像。在 Photoshop 中打开 3 幅尺寸、大小一致的灰度图像文档，点击【通道】面板右上角 按钮，在弹出列表中选择“合并通道”，会弹出【合并通道】对话框，如图 6–7 所示。在【合并通道】对话框中，【模式】可以选择合并的颜色模式。在【通道】中设置生成图像的通道数目，一般为默认值。

完成后单击【确定】，弹出【合并 RGB 通道】对话框，如图 6–8 所示。在该对话框中能够为所选颜色模式的每一个通道指定一幅灰度图像。被指定的图像可以是同一幅图像，也可以是不同图像。完成后单击【确定】，即可将通道合并，效果如图 6–9 所示。

图 6–7 【合并通道】对话框

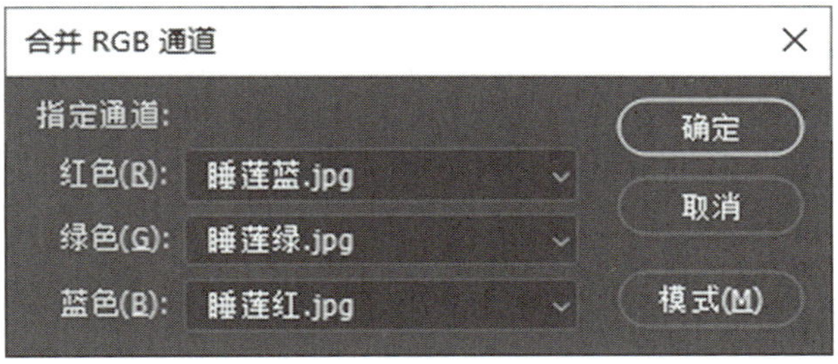

图 6–8 【合并 RGB 通道】对话框

图 6–9　合并通道效果图

6. 专色通道

专色通道是一种特殊的颜色通道，能够记录和储存专有颜色的通道，常用于某种指定颜色在油墨印刷时的附加印版，如烫金版、烫银版等。

创建专色通道的方法是对需要进行专色印刷的区域创建选区，点击【通道】面板右上角 按钮，在弹出列表中选择“新建专色通道”，如图 6–10 所示。在弹出的【新建专色通道】对话框中，【名称】用于设置该专色通道的名字，【颜色】用于设置油墨的颜色，【密度】用于设置油墨的密度，可输入数值为 0~100，完成后单击【确定】，即可生成一个专色通道，如图 6–11 所示。

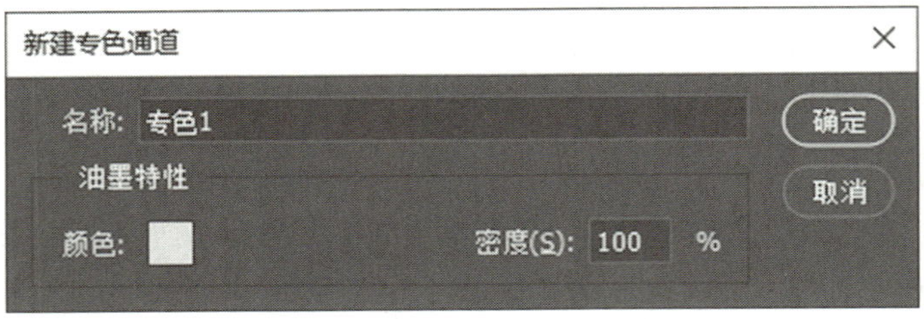

图 6-10 【新建专色通道】对话框

图 6-11　专色通道

三、蒙版基础知识

蒙版的主要作用是能够保护部分区域不受编辑影响，蒙版所覆盖的区域不会被任何操作修改。蒙版也可以理解为一种特殊的选区，但常规的选区是对所选区域进行操作，而蒙版却相反，它是对所选区域进行保护，使其免于被操作，而对非保护的区域进行编辑与处理。

蒙版通常可以分为 4 种，即图层蒙版、矢量蒙版、剪贴蒙版和快速蒙版。

四、图层蒙版

图层蒙版就是在图层上添加蒙版。图层蒙版对图像的作用是非破坏性的，通过对蒙版的编辑，控制图像显示的区域，而不改变原始图像，是进行图像合成的重要工具。

在【图层】面板中，带蒙版的图层有两个缩览图，左边为【图层缩览图】，右边为【图层蒙版缩览图】，缩览图周围有白色边框，表示被选中，点击不同的缩览图分别对应修改图层或蒙版，如图 6-12 所示。

图 6-12　图层蒙版

1. 创建图层蒙版

图层蒙版主要分为两种，第一种是白色（透明）图层蒙版，可显示图像，第二种是黑色（不透明）图层蒙版，为隐藏图像。

方法 1：打开“第六章 / 素材”，分别置入天空和花的图片，单击【图层】面板下方的【添加图层蒙版】按钮，即可为当前图层创建一个白色图层蒙版。创建后当前图层图像显示可见，如图 6–13 所示。

图 6–13　创建白色图层蒙版

方法 2：打开“第六章 / 素材”，分别置入天空和花的图片，按住【Alt】键的同时单击【图层】面板下方的【添加图层蒙版】按钮，即可为当前图层创建一个黑色图层蒙版。创建后当前图层图像会被遮盖并露出下一图层图像，如图 6–14 所示。

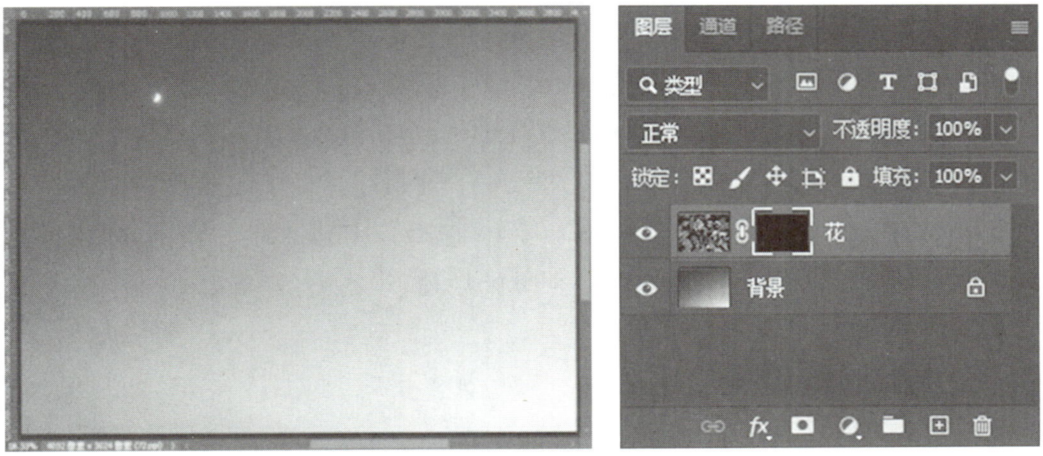

图 6–14　创建黑色图层蒙版

2. 编辑图层蒙版

作为一种特殊的选区，蒙版利用白色、黑色来控制选区的范围，即控制图层的显示范围。在图层蒙版上可以选择任一编辑或绘画工具进行操作，其中一种方法就是使用【画笔】工具进行涂色，当蒙版处于启用状态时，前景色和背景色均采用默认灰度值，在蒙版中只能涂黑、白、灰三色。

在创建白色图层蒙版前提下，使用【画笔】工具在蒙版中进行涂色，涂黑色的地方蒙版变为不透明，该区域的图像被遮盖隐藏；涂白色的地方蒙版变为透明，图像可见，原本被遮盖的图像也将还原可见；涂灰色则为半透明效果，透明的程度由灰度的深浅决定，如图 6–15 所示。在涂色过程中可以按【X】键来切换前景色和背景色。

图 6–15　涂抹图层蒙版

3. 移动和复制图层蒙版

移动蒙版：选中需要移动的图层蒙版缩览图，单击鼠标左键并将该蒙版拖动到另一个图层上，即可将当前蒙版移动并应用到另一个图层。

复制蒙版：选中需要复制的图层蒙版缩览图，按住【Alt】键的同时将该蒙版拖动到另一个图层上，即可复制当前蒙版，如图 6–16 所示。

4. 图层蒙版的链接

默认情况下，创建的蒙版与当前图层会建立链接关系，图层缩览图与图层蒙版缩览图之间存在【链接】按钮。使用鼠标单击【链接】按钮可取消图层与其蒙版之间的链接。如果需要重新建立链接，则需使用鼠标单击图层缩览图与图层蒙版缩览图之间的空白处。

当图层与蒙版链接时，使用【移动】工具挪移图像时蒙版会一起移动。取消链接后，可以单独移动图层或蒙版。

5. 停用或启用图层蒙版

当蒙版处于停用状态时，【图层】面板中的图层蒙版缩览图中会出现一个红色的 ×，如图 6-17 所示。停用蒙版后 Photoshop 软件操作界面会显示出不带蒙版效果的图层内容。

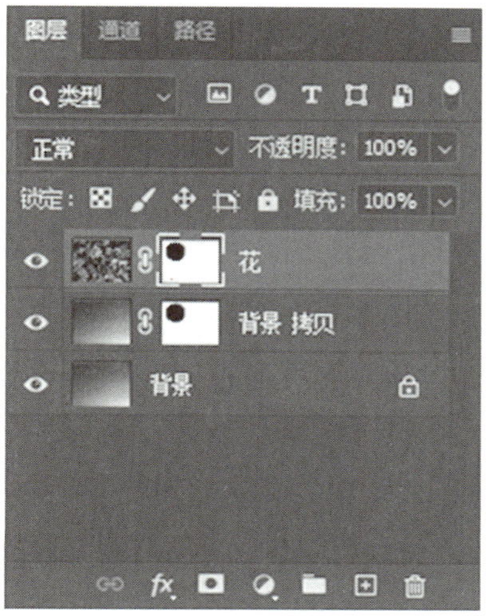

图 6-16　复制图层蒙版

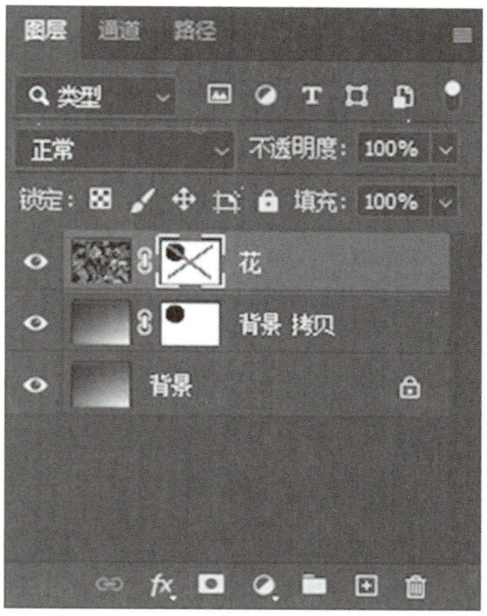

图 6-17　停用图层蒙版

停用或启用图层蒙版的方法如下。

① 按住【Shift】键，同时单击【图层】面板中的图层蒙版缩览图。

② 选中需要停用或启用的图层蒙版缩览图，单击鼠标右键，在弹出列表中选择【停用图层蒙版】—【启用图层蒙版】。

③ 选中需要停用或启用的图层蒙版缩览图，在菜单栏中选择【图层】—【图层蒙版】—【停用】—【启用】。

6. 删除或应用图层蒙版

创建好图层蒙版后，可以选择删除图层蒙版而不应用其更改，也可以选择应用图层蒙版来永久删除隐藏的部分，操作方法有以下几种。

① 选中需要删除或应用的图层蒙版缩览图，鼠标右击在弹出列表中选择【删除

图层蒙版】或【应用图层蒙版】。

② 选中需要删除或应用的图层蒙版缩览图，点击【图层】面板下方的 按钮，在弹出的对话框中选择【应用】或【删除】，如图 6–18 所示。

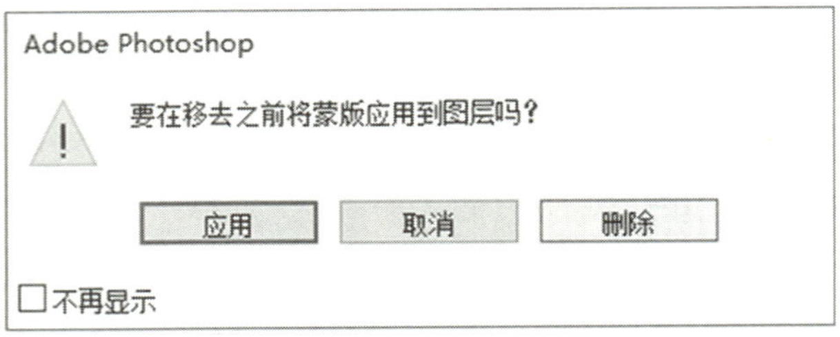

图 6–18　删除或应用图层蒙版对话框

③ 选中需要删除或应用的图层蒙版缩览图，在上方菜单栏中选择【图层】—【图层蒙版】—【删除】—【应用】。

五、矢量蒙版

矢量蒙版也叫路径蒙版，指的是可以任意放大或缩小的蒙版，不因放大或缩小而影响清晰度，一般由【钢笔】工具或者【形状】工具创建矢量蒙版。

1. 创建矢量蒙版

（1）为当前图层创建矢量蒙版

按住【Ctrl】键的同时单击【图层】面板下方的【添加图层蒙版】按钮，或在上方菜单栏中选择【图层】—【矢量蒙版】—【显示全部】，均可为当前图层创建矢量蒙版，效果如图 6–19 所示。

（2）创建显示形状内容的矢量蒙版

使用某一种形状工具或【钢笔】工具绘制工作路径，然后按住【Ctrl】键的同时单击【图层】面板下方的【添加图层蒙版】按钮，或在菜单栏中选择【图层】—【矢量蒙版】—【当前路径】，效果如图 6–20 所示。创建路径前，需要在属性栏中将选择工具模式更改为【路径】后再进行绘制。

图 6–19　矢量蒙版

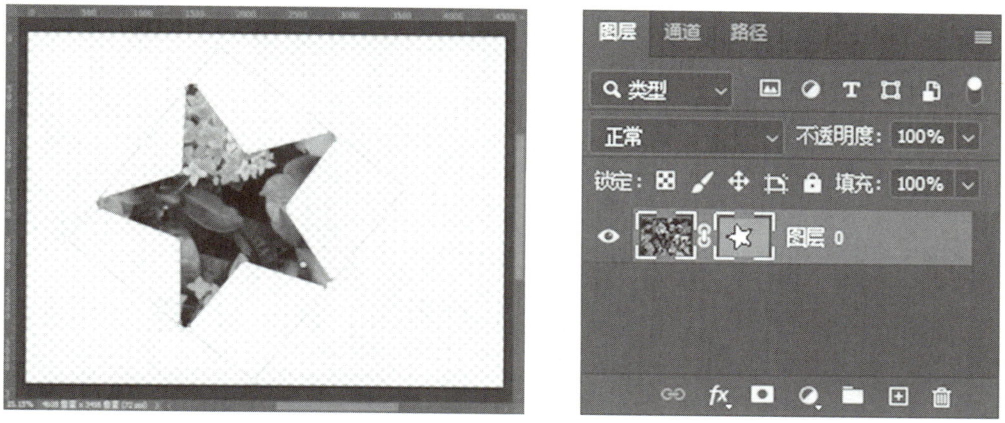

图 6-20　创建矢量蒙版

2. 编辑矢量蒙版

选中矢量蒙版缩览图，使用【路径选择】工具、【直接选择】工具等移动路径或修改路径的形状、大小等。

矢量蒙版能够转换为图层蒙版，在【图层】面板中单击【矢量蒙版缩览图】，单击鼠标右键并在弹出列表中选择【栅格化矢量蒙版】即可。但执行栅格化操作后无法更改回矢量蒙版。

3. 移动和复制矢量蒙版

移动蒙版：选中需要移动的矢量蒙版缩览图，单击鼠标左键并将该蒙版拖动到另一个图层上，即可将当前蒙版移动并应用到另一个图层。

复制蒙版：选中需要复制的矢量蒙版缩览图，按住【Alt】键同时将该蒙版拖动到另一个图层上，即可复制当前蒙版。

4. 停用或启用矢量蒙版

停用或启用矢量蒙版的方法和图层蒙版相似，具体方法如下。

① 按住【Shift】键，同时单击【图层】面板中的矢量蒙版缩览图。

② 选中需要停用或启用的矢量蒙版缩览图，单击鼠标右键，在弹出列表中选择【停用矢量蒙版】—【启用矢量蒙版】。

③ 选中需要停用或启用的矢量蒙版缩览图，在菜单栏中选择【图层】—【矢量蒙版】—【停用】—【启用】。

5. 删除矢量蒙版

删除矢量蒙版的方法如下所示。

① 选中需要删除的矢量蒙版缩览图，鼠标右击并在弹出列表中选择【删除矢量蒙版】。

② 选中需要删除的矢量蒙版缩览图，点击【图层】面板下方的 按钮，在弹出对话框中选择【确定】。

③ 选中需要删除或应用的图层蒙版缩览图，在菜单栏中选择【图层】—【矢量蒙版】—【删除】。

六、剪贴蒙版

剪贴蒙版通过使用下方图层的形状来限制其上方图层图像的显示范围，常用于制作各种创意十足的剪贴效果。

1. 创建剪贴蒙版

方法 1：在【图层】面板中，按住【Alt】键的同时将鼠标指针放在两个图层之间的线上，当鼠标光标状态更改为 后，单击鼠标左键，如图 6–21 所示。

方法 2：选中上方图层，按住快捷键【Alt+Ctrl+G】，或在菜单栏中选择【图层】—【创建剪贴蒙版】，剪贴蒙版中处于下方的形状图层称为基底图层，已创建剪贴蒙版的基底图层名称会显示下划线，上方图层缩览图前方显示缩进标志 ，如图 6–22 所示。此时图像被嵌套到下方形状中，效果如图 6–23 所示。

2. 释放剪贴蒙版

方法 1：在【图层】面板中，按住【Alt】键的同时将鼠标指针放在两个图层之间的线上，当鼠标光标状态更改为 后，单击鼠标左键。

方法 2：选中上方图层，按住快捷键【Alt+Ctrl+G】，或在菜单栏中选择【图层】—【释放剪贴蒙版】。

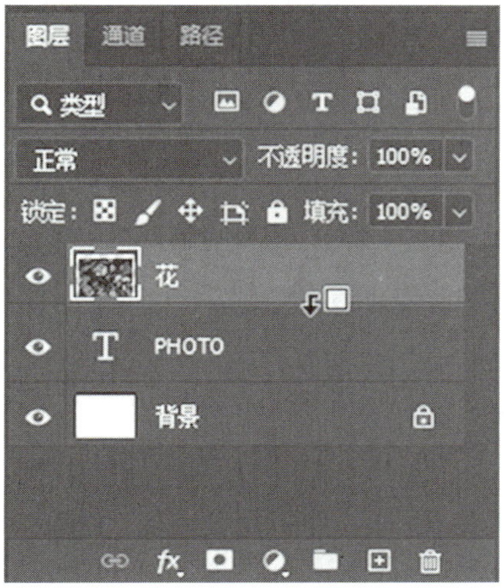

图 6-21　创建剪贴蒙版

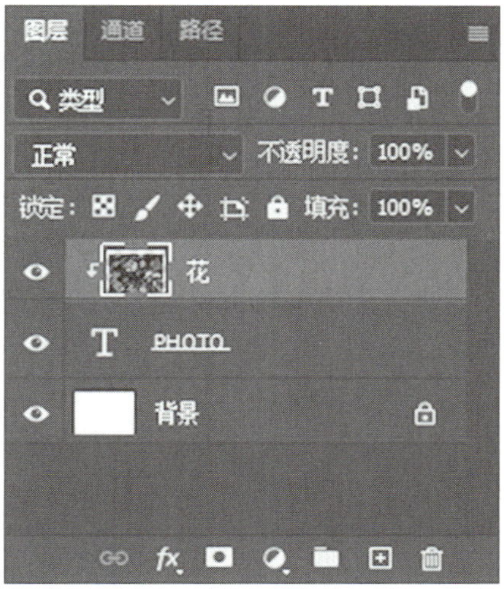

图 6-22　剪贴蒙版图层效果

图 6-23　剪贴蒙版画面效果图

七、快速蒙版

快速蒙版能够用于快速创建并编辑选区。点击工具栏中的【快速蒙版】按钮 或按住快捷键【Q】，进入快速蒙版编辑模式，默认情况下【图层】面板中所选图层会变为红色，如图 6–24 所示。然后选择【画笔】工具 ，在画面中进行涂抹，涂抹区域会被红色遮盖，如图 6–25 所示。再次点击【标准模式】按钮 或按住快捷键【Q】，退出快速蒙版编辑模式，此时所涂抹的区域会转换为选区，如图 6–26 所示。随后对图像进行编辑只会影响选区内容。

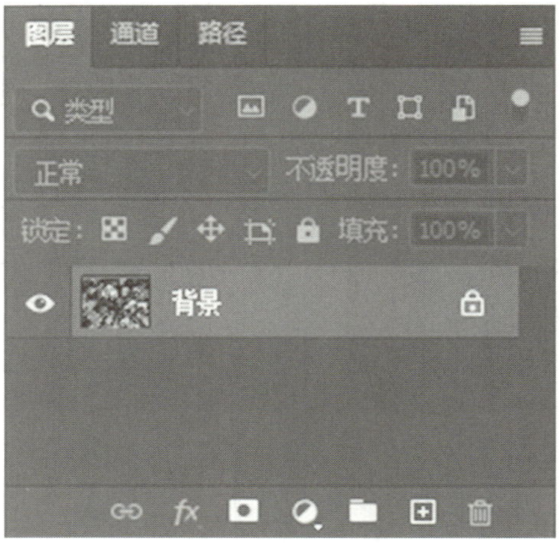

图 6–24　进入快速蒙版

图 6–25　快速蒙版涂抹效果

图 6–26　创建选区

双击【快速蒙版】按钮打开【快速蒙版选项】对话框，可以对快速蒙版属性进行修改，如图 6–27 所示。在【色彩指示】中设置涂抹颜色区域为“被蒙版区域”或“所选区域”,【颜色】可以设置进入快速蒙版编辑模式时涂抹区域、图层显示的颜色以及不透明度。

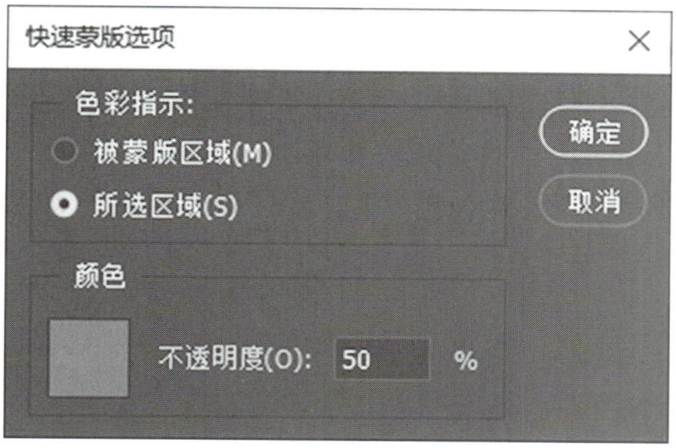

图 6-27 【快速蒙版选项】对话框

八、课堂实战

实战任务为网店商品主图制作，最终效果如图 6-28 所示。

微课 6.1　网店商品主图制作

图 6-28　网店商品主图

实战步骤

①启动 Photoshop 软件。自定义一个宽 800 像素 × 高 800 像素的文档，分辨率为 300 像素，RGB 模式，单击【创建】。

②选择【矩形】工具属性栏，设置【形状】填充，设置绿色（R69、G175、B139），单击工作区域弹出【创建矩形】对话框，设置参数，如图 6-29 所示。执行同样操作绘制一个灰色（R240、G240、B240）矩形效果，如图 6-30 示。

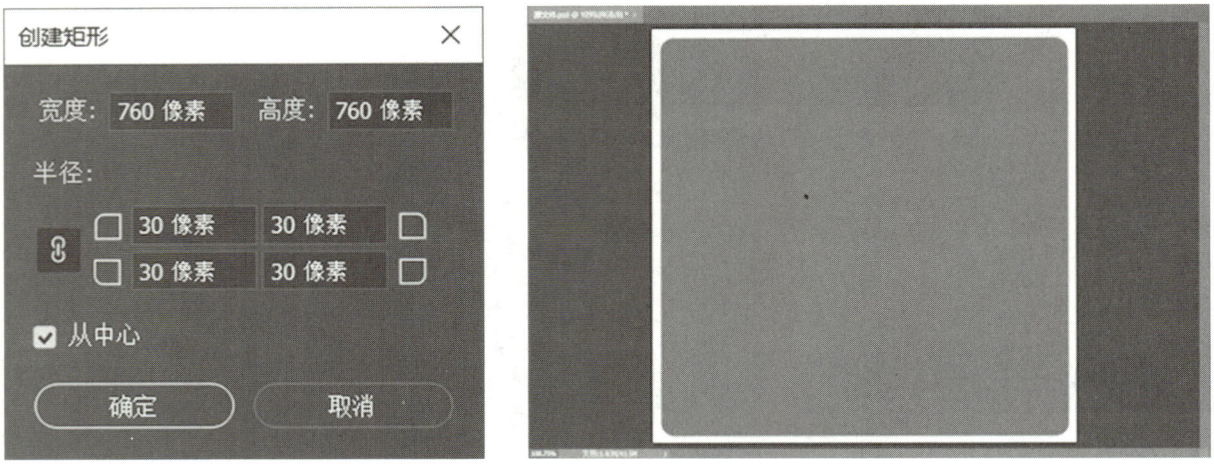

图 6-29　创建矩形参数设置 1

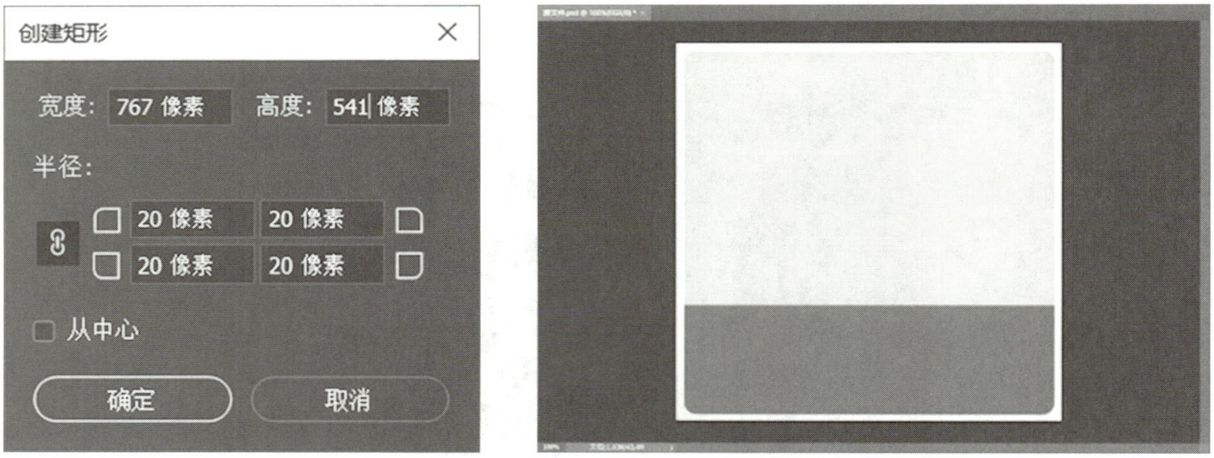

图 6-30　创建矩形参数设置 2

③选择【矩形】工具属性栏，设置【形状】填充，设置黄色（R255、G217、B4），单击工作区域弹出【创建矩形】对话框，设置参数如图 6-31 所示。

④选择【多边形套索】工具，绘制闪电图形，如图 6-32 所示。在【图层面板】最下面的工具栏中，单击【添加图层样式】—【外发光】命令。弹出【外发光】对话框，设置外发光参数。

⑤在【图层面板】最下面的工具栏中，单击【创建新图层】并命名为“白色圆形”。选择【椭圆选框】工具，按住【Shift】键绘制一个白色圆形，如图 6–33 所示。

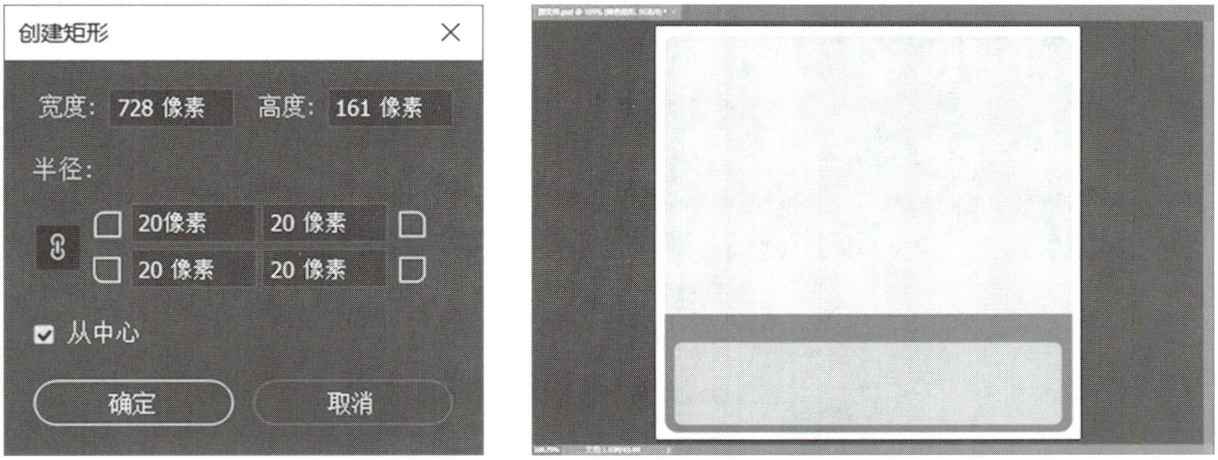

图 6–31　创建矩形参数设置

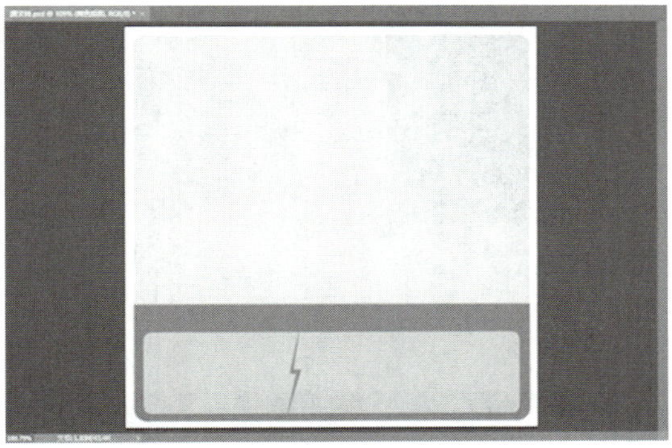

图 6–32　绘制闪电图形

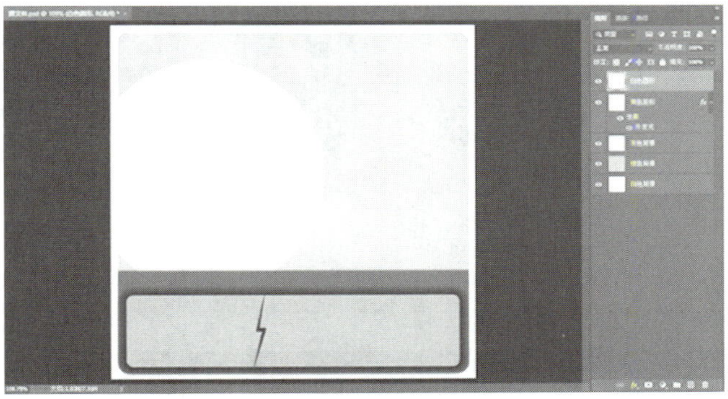

图 6–33　绘制圆效果

⑥选择【矩形】工具 属性栏，设置【形状】填充，设置黄色（R255、G217、B4），单击工作区域弹出【创建矩形】对话框，参数设置如图 6–34 所示。在【图层面板】最下面的工具栏中，单击【添加图层样式】—【投影】命令。弹出【投影】对话框，设置投影参数。执行同样的操作绘制另外一个圆角矩形，最终效果如图 6–35 所示。

⑦打开“第六章 / 素材 / 狗”，按【Ctrl+T】快捷键调整大小和位置。选择【矩形选框】工具 将多余的部分删除，如图 6–36 所示。执行同样操作置入产品素材并调整大小和位置，选择【橡皮擦】工具 将多余部分擦除，最终效果如图 6–37 所示。

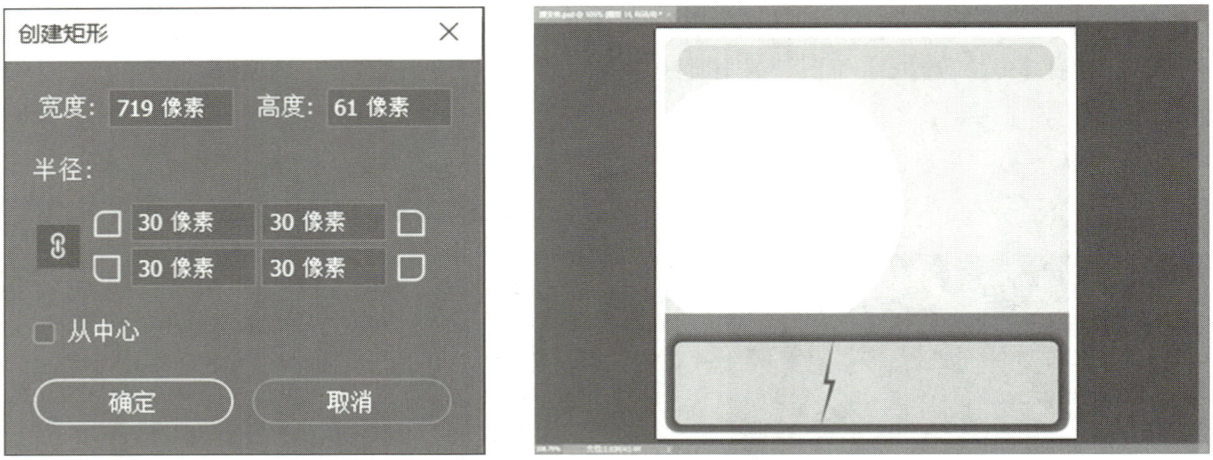

图 6-34　绘制圆角矩形效果

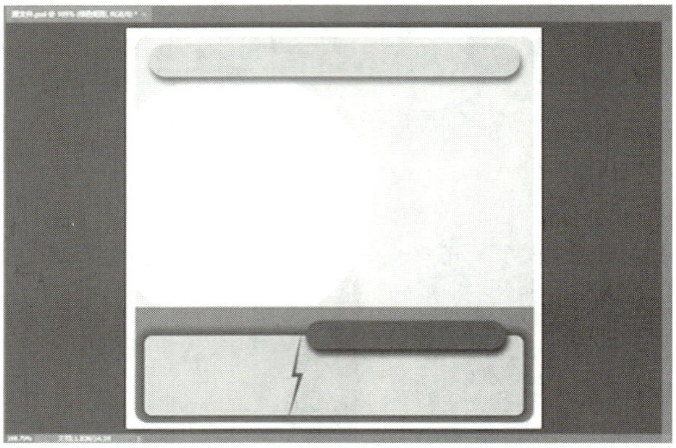

图 6-35　绘制圆角矩形最终效果

图 6-36　置入狗素材效果

图 6-37　置入产品素材效果

⑧设置前景色为黑色（R0、G0、B0），选择【横排文字】工具 T，输入文字“新人入会领 10 元券”，设置【字体大小】为 37 点。输入其他信息内容，调整大小和位置，效果如图 6-38 所示。

图 6-38　输入文字效果

⑨设置前景色为黑色（R0、G0、B0），选择【横排文字】工具 T，输入文字“TOP1 狗粮销量榜”，设置【字体大小】。在【图层面板】最下面的工具栏中，单击【添加图层样式】—【描边】命令。弹出【描边】对话框，设置描边参数，单击【确定】，最终效果如图 6-39 所示。

图 6-39　文字添加描边效果

⑩先将文档存储为 PSD 文件，随后存储为 JPG 文件，将 JPG 文件质量调到最佳质量，导出最终效果图。

九、课后实战

实战任务为 UI 图标设计制作，最终效果如图 6-40 所示。

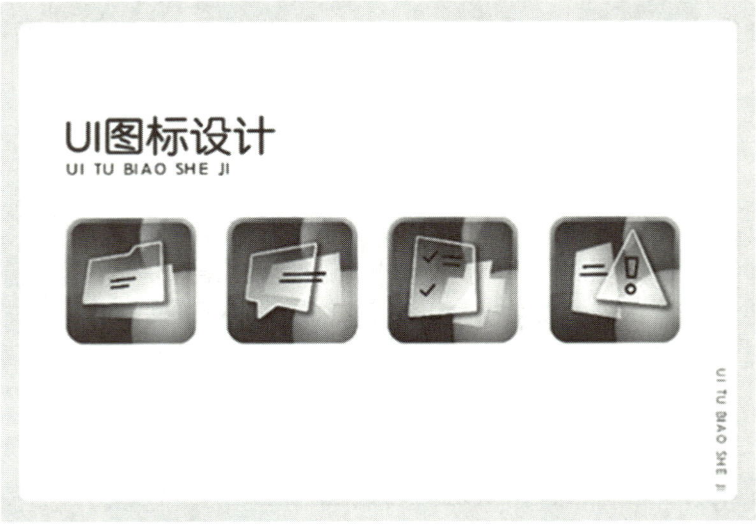

图 6-40　UI 图标设计

以下训练内容请扫码学习。

微课 6.2　UI 图标设计制作

章节笔记

第七章
认识滤镜的应用

微课 7　认识滤镜的应用

■ 本章导读

本章主要介绍认识 Photoshop 中的滤镜功能，包括滤镜的种类、滤镜的使用规则以及滤镜的使用技巧。通过学习本章内容，学生能够认识不同滤镜作用下所能产生的画面效果，结合案例实践，能够学会应用丰富的滤镜命令制作出特殊多变的图像效果，同时在实践的过程中激发想象力和创造力，综合运用各种方法来完成图像所需效果，进而培养审美意识和创新思维，提升艺术修养，为艺术创新设计作好铺垫。

一、认识滤镜

Photoshop 的滤镜菜单提供了多种滤镜，选择这些滤镜命令，可以制作出奇妙的图像效果。单击【滤镜】菜单，弹出如图 7-1 所示的下拉菜单。

Photoshop 滤镜菜单被分为 4 个部分。

第一部分：最近一次使用的滤镜，没有使用滤镜时，此命令为灰色，不可选择。使用任意一种滤镜后，当需要重复使用这种滤镜时，只要直接点击这一选项或按快捷键【Alt+Ctrl+F】，即可重复使用。

第二部分：转换为智能滤镜，智能滤镜可随时对效果进行修改操作。

第三部分：6 种 Photoshop 滤镜，每个滤镜的功能都十分强大。

第四部分：11 种 Photoshop 滤镜组，每个滤镜组都包含多个子滤镜。

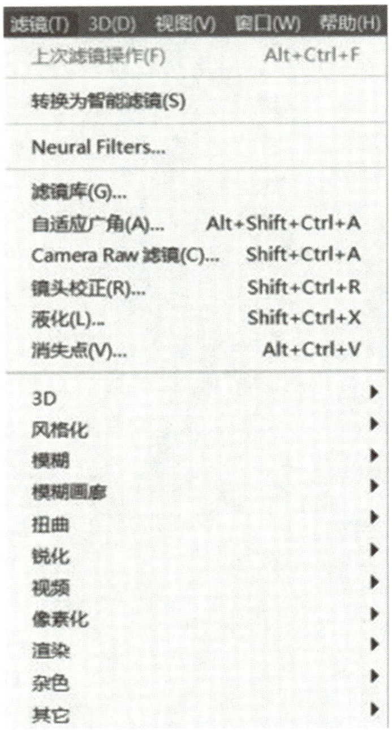

图 7-1 滤镜下拉菜单

二、滤镜库

Photoshop 的滤镜库将常用滤镜组组合在一个面板中，以折叠菜单的方式显示，并为每一个滤镜提供了直观的效果预览，使用十分方便。

打开“第七章 / 素材 / 橙子”，选择【滤镜】—【滤镜库】命令，弹出【滤镜库】对话框，如图 7-2 所示。

对话框的左侧为滤镜预览框，可以显示滤镜应用后的效果；中部为滤镜列表，每个滤镜组下面包含了多个特色滤镜，单击需要的滤镜组，可以浏览滤镜组中的各个滤镜和相应的滤镜效果；右侧为滤镜参数设置栏，可以设置所用滤镜的各个参数值。

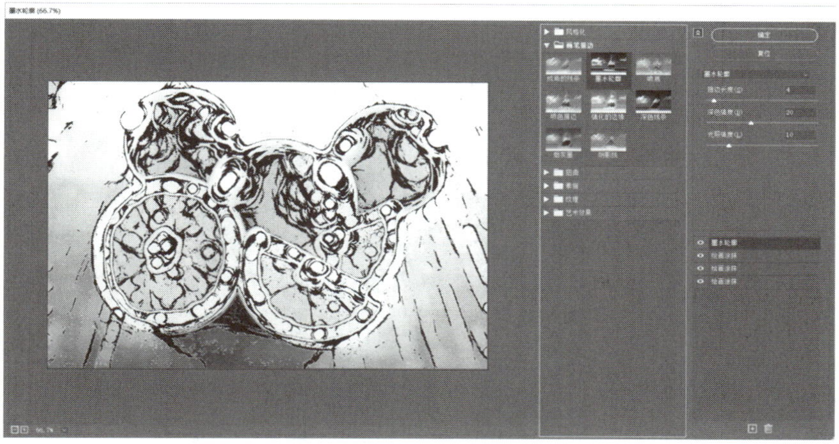

图 7-2　滤镜库对话框

1. 风格化滤镜组

打开“第七章 / 素材 / 橙子”，选择【滤镜】—【滤镜库】—【风格化】，该滤镜组只包含照亮边缘滤镜，如图 7-3 所示。运用此滤镜可以显示主要颜色的变化区域并强化其过渡像素，产生轮廓发光的效果，应用滤镜前后的效果如图 7-4 所示。

图 7-3　滤镜库风格化

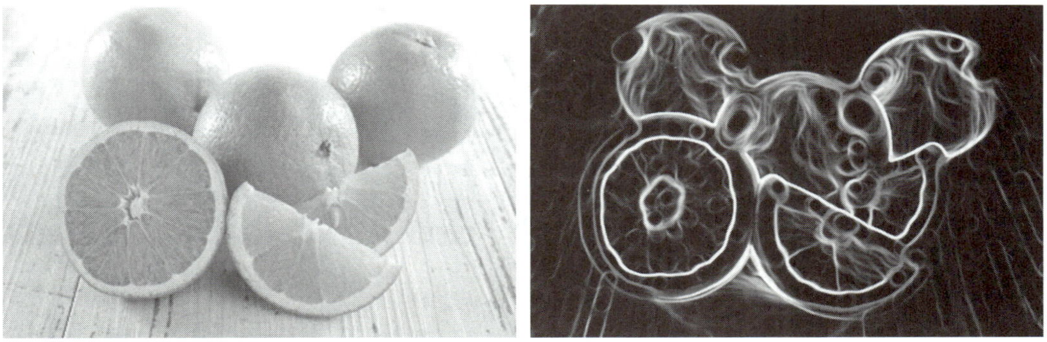

图 7-4　风格化滤镜效果前后对比

2. 画笔描边滤镜组

打开“第七章 / 素材 / 橙子”，选择【滤镜】—【滤镜库】—【画笔描边】，该滤镜组包含 8 个滤镜，如图 7-5 所示。运用此滤镜组对 CMYK 模式和 Lab 颜色模式的图像都不起作用。使用不同滤镜后制作出的效果如图 7-6 所示。

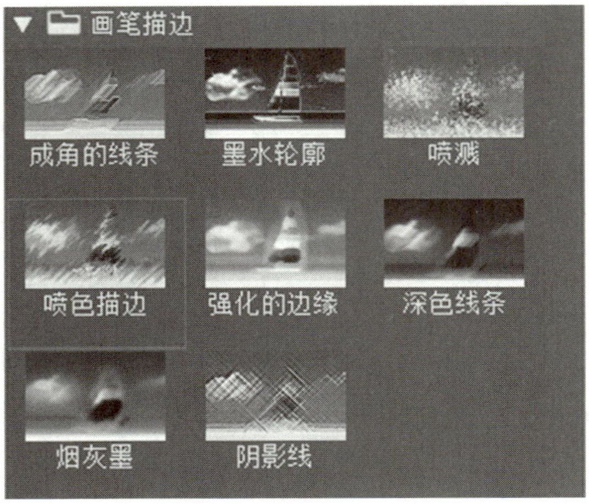

图 7-5　画笔描边滤镜组

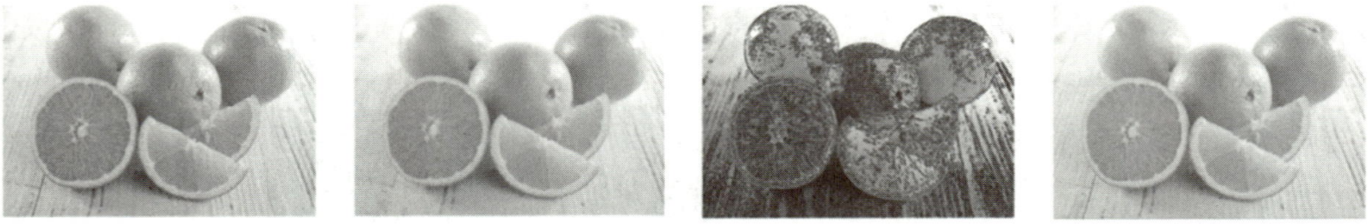

原图　　成角的线条　　墨水轮廓　　喷溅

图 7-6　画笔描边滤镜效果前后对比

3. 扭曲滤镜组

打开“第七章/素材/橙子”，选择【滤镜】—【滤镜库】—【扭曲】，该滤镜组包含 3 个滤镜，如图 7-7 所示。运用此滤镜组可以生成一组从波纹到扭曲图像的变形效果。使用不同滤镜后制作出的效果如图 7-8 所示。

图 7-7　扭曲滤镜组

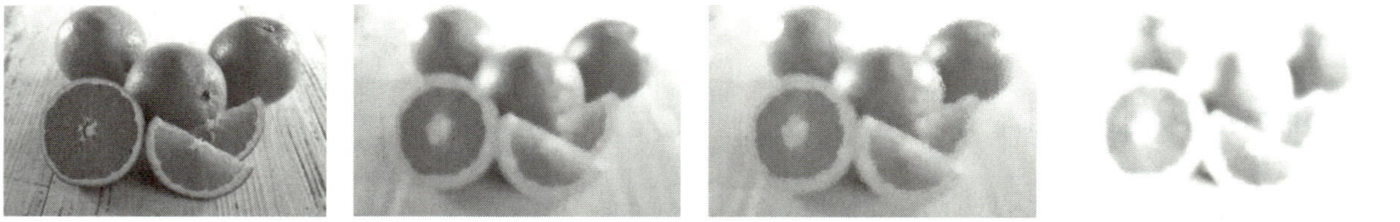

原图　　玻璃　　海洋波纹　　扩散亮光

图 7-8　扭曲滤镜效果前后对比

4. 素描滤镜组

打开“第七章 / 素材 / 橙子”，选择【滤镜】—【滤镜库】—【素描】，该滤镜组包含 14 个滤镜，如图 7–9 所示。运用此滤镜组只针对 RGB 模式或者灰度模式的图像发挥作用，可以制作出多种绘画效果。使用不同滤镜后制作出的效果如图 7–10 所示。

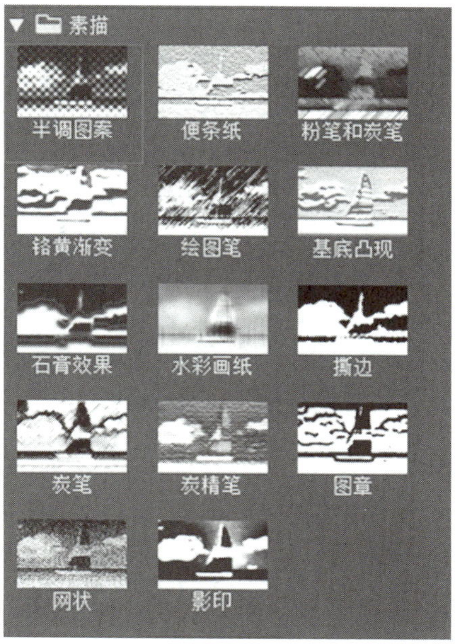

图 7–9　素描滤镜组

原图

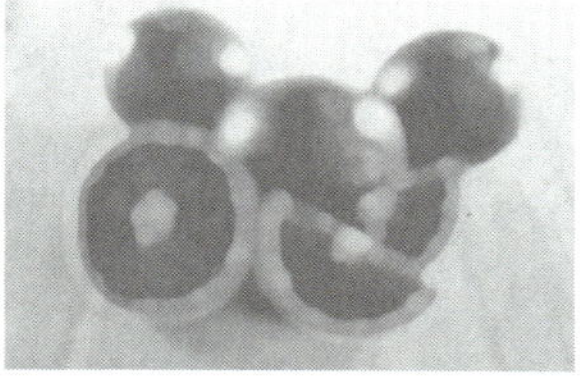
半调图案

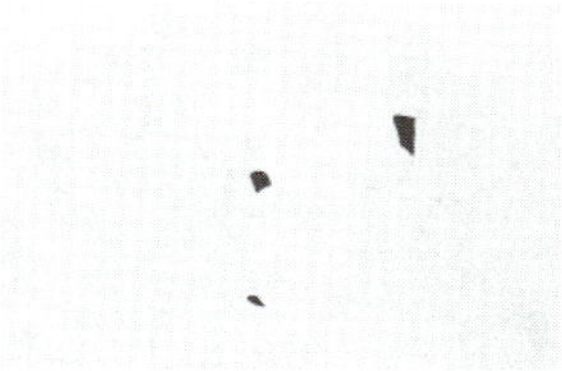
便条纸

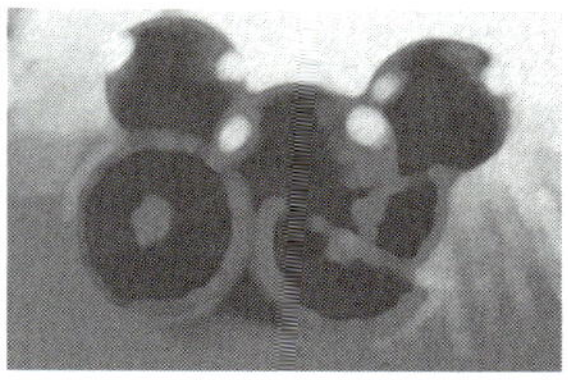
粉笔和炭笔

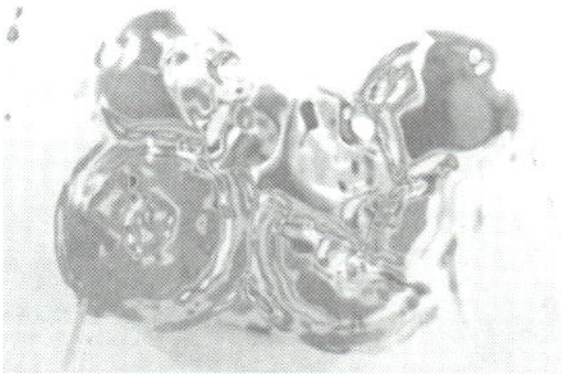
铬黄渐变

绘图笔

基底凸现

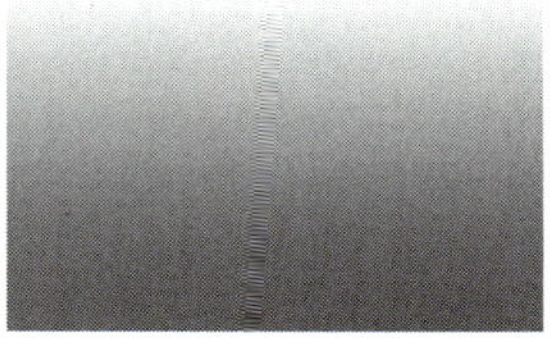
石膏效果

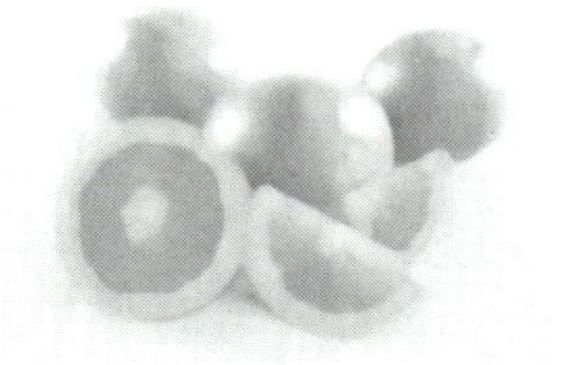
水彩画纸

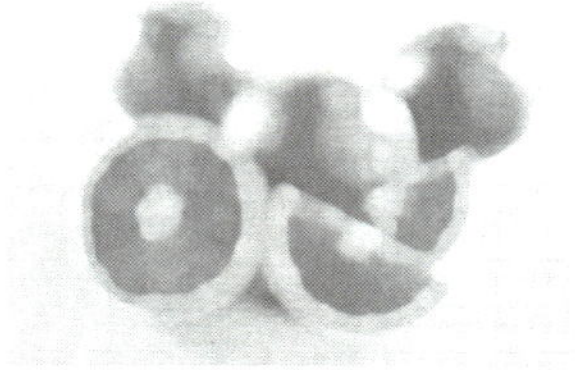
炭精笔

网状

影印

图 7–10　素描滤镜效果前后对比

5. 纹理滤镜组

打开“第七章 / 素材 / 橙子”，选择【滤镜】—【滤镜库】—【纹理】，该滤镜组包含 6 个滤镜，如图 7–11 所示。运用此滤镜组使图像产生纹理效果。使用不同滤镜后制作出的效果如图 7–12 所示。

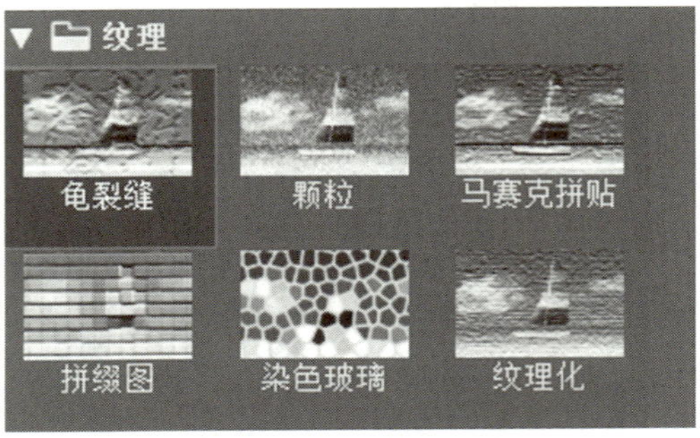

图 7–11　纹理滤镜组

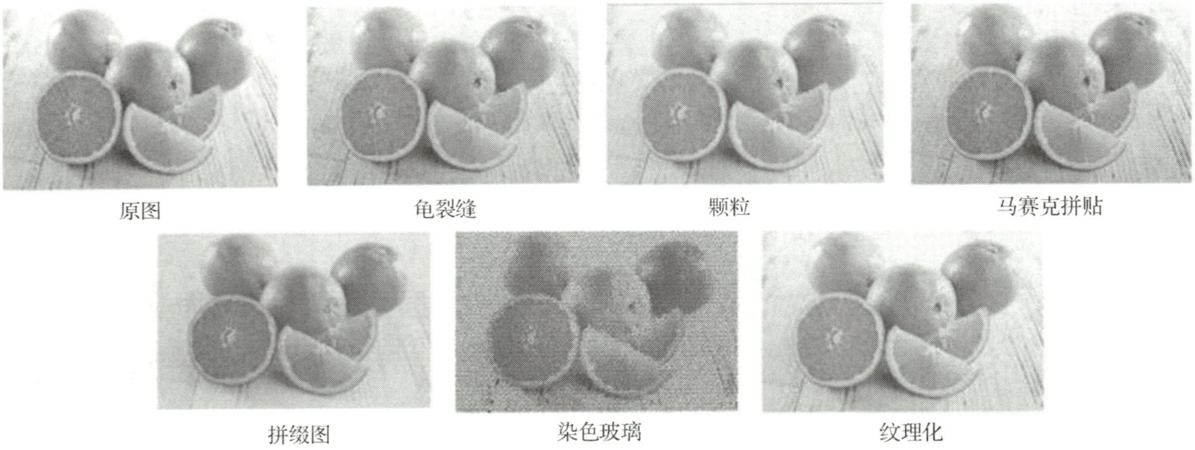

图 7–12　纹理滤镜效果前后对比

6. 艺术效果滤镜组

打开“第七章 / 素材 / 橙子”，选择【滤镜】—【滤镜库】—【艺术效果】，该滤镜组包含 15 个滤镜，如图 7–13 所示。此滤镜组在 RGB 颜色模式和多通道颜色模式下才可使用。使用不同滤镜后制作出的效果如图 7–14 所示。

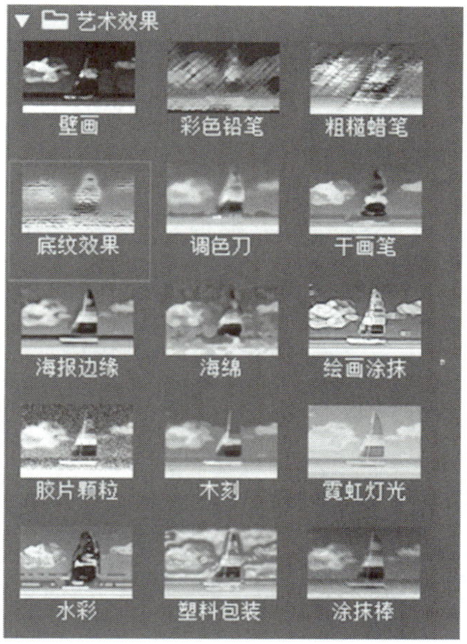

图 7-13　艺术效果滤镜组

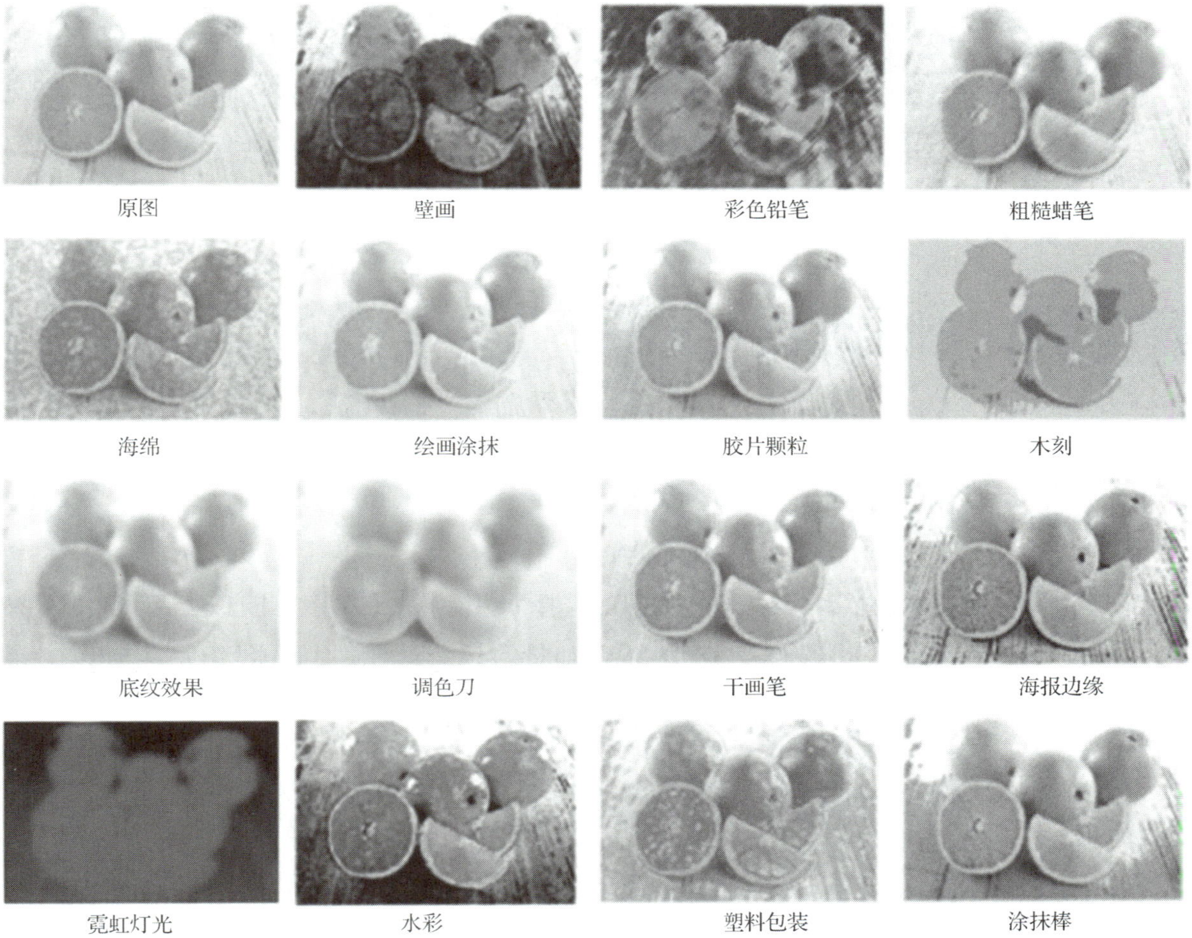

图 7-14　艺术效果滤镜前后对比

三、智能滤镜

常用滤镜在应用效果后就不能再修改或改变滤镜命令中的数值。智能滤镜是针对智能对象使用的、可以调节滤镜效果的一种应用模式，打开“第七章 / 素材 / 橙子”，选中要应用滤镜的图层，如图 7–15 所示。选择【滤镜】—【转换为智能滤镜】命令，执行后会弹出对话框，单击【确定】按钮，将普通图层转换为智能对象图层，【图层】控制面板如图 7–16 所示。

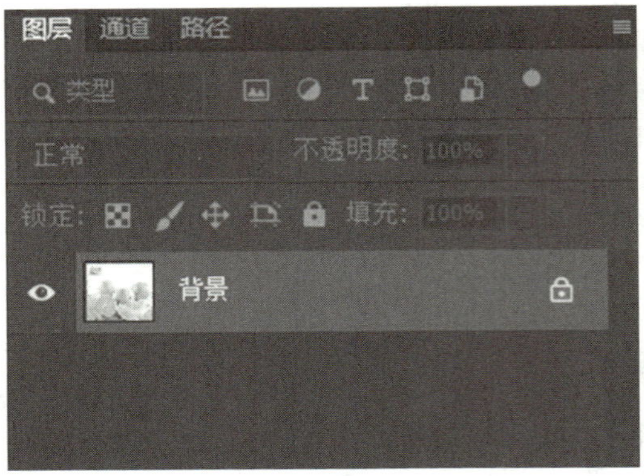

图 7–15　选中滤镜图层

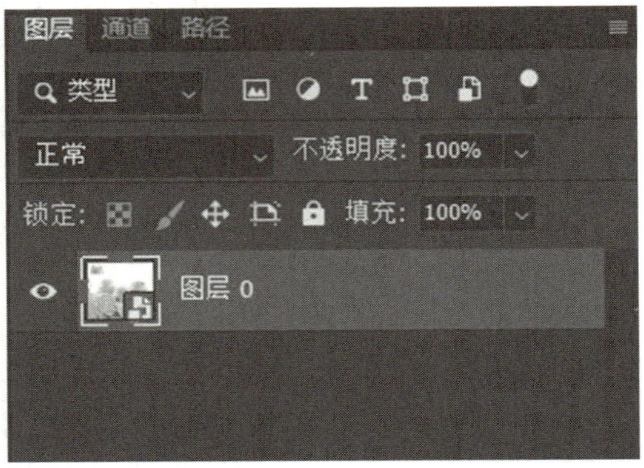

图 7–16　图层转换为智能滤镜

四、图像效果的特殊处理

1. 3D 滤镜

打开“第七章 / 素材 / 绣球花”，选择【滤镜】—【3D】，此滤镜组可以生成效果更好的凹凸图和法线图。3D 滤镜选项如图 7–17 所示。使用不同滤镜后制作出的效果如图 7–18 所示。

2. 风格化滤镜

打开“第七章 / 素材 / 绣球花”，选择【滤镜】—【风格化】，此滤镜组可以产生印象派以及其他风格画派效果，完全模拟真实艺术手法进行创作。风格化滤镜选项如图 7–19 所示。使用不同滤镜后制作出的效果如图 7–20 所示

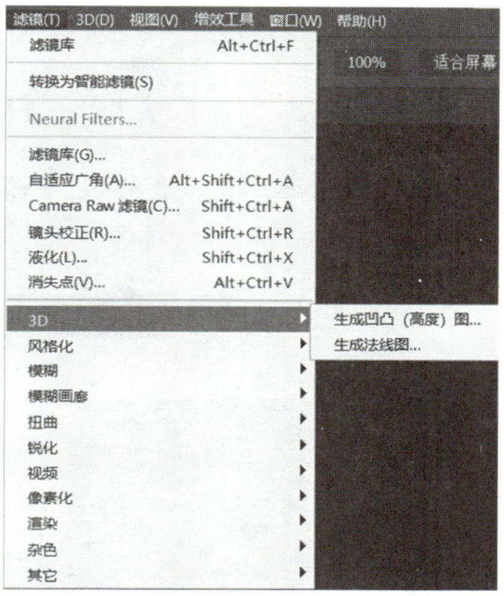

图 7-17　3D 滤镜选项

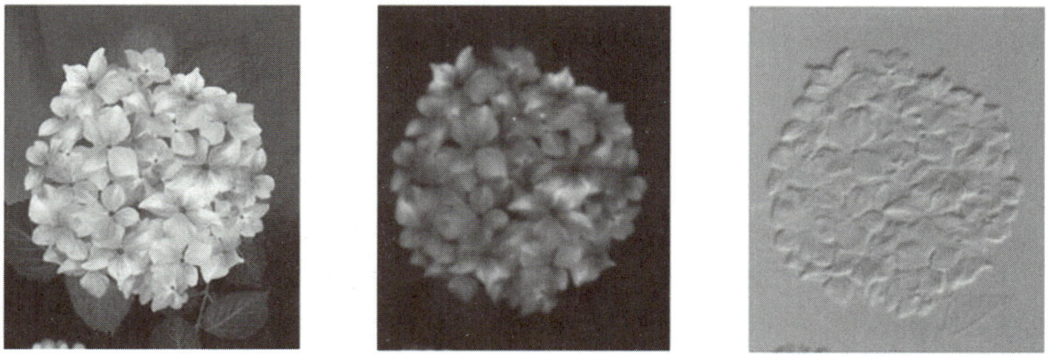

原图　　凹凸图　　法线图

图 7-18　3D 滤镜效果前后对比

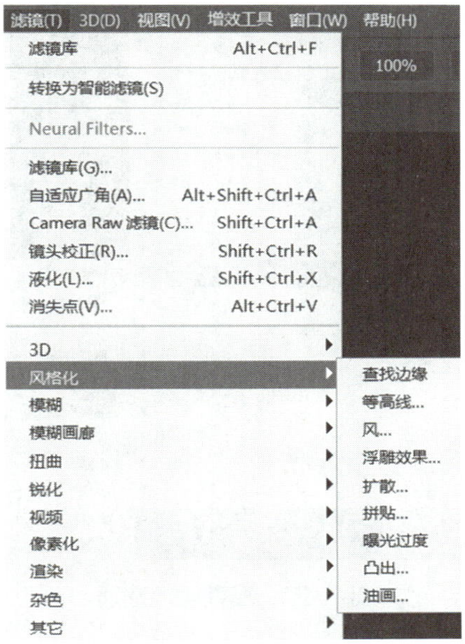

图 7-19　风格化滤镜选项

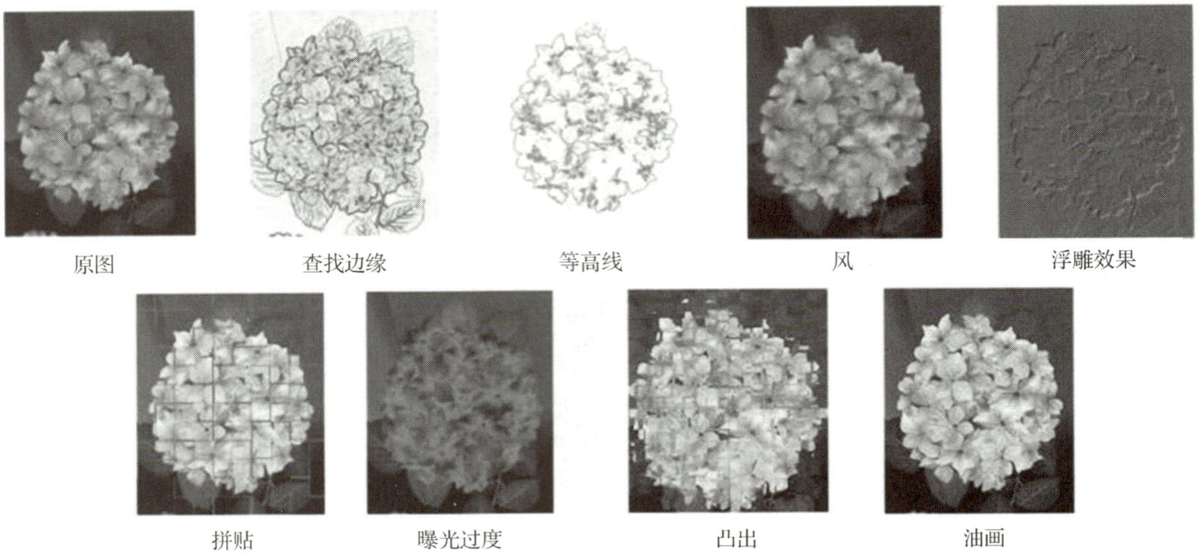

图7-20 风格化滤镜效果前后对比

3. 模糊滤镜

打开“第七章/素材/跑车”，选择【滤镜】—【模糊】，此滤镜组可以对图像中过于清晰或对比度强烈的区域进行模糊效果处理，同时也可以制作柔和阴影效果。模糊滤镜选项如图7–21所示。使用不同滤镜后制作出的效果如图7–22所示。

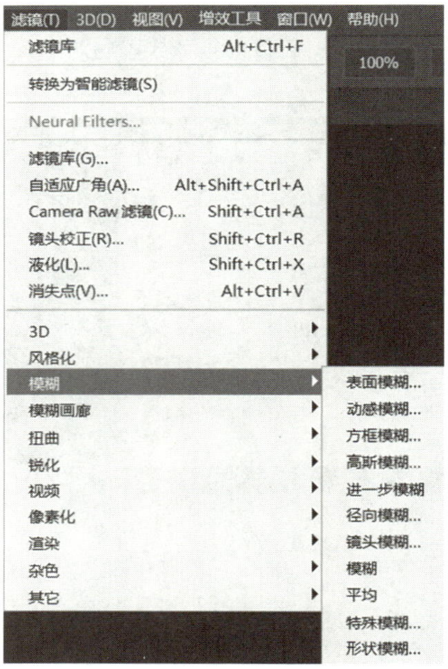

图7–21 模糊滤镜选项

图 7–22　模糊滤镜效果前后对比

4. 模糊画廊滤镜

打开“第七章 / 素材 / 景物”，选择【滤镜】—【模糊画廊】，此滤镜组能够使用图钉或路径来控制图像，制作模糊效果。模糊画廊滤镜选项如图 7–23 所示。使用不同滤镜后制作出的效果如图 7–24 所示。

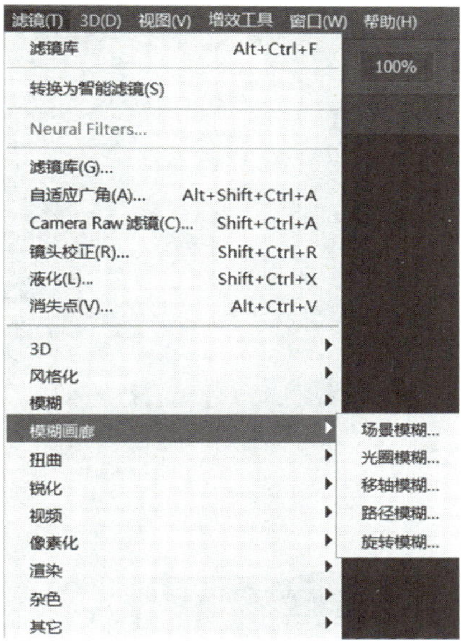

图 7–23　模糊画廊滤镜选项

原图

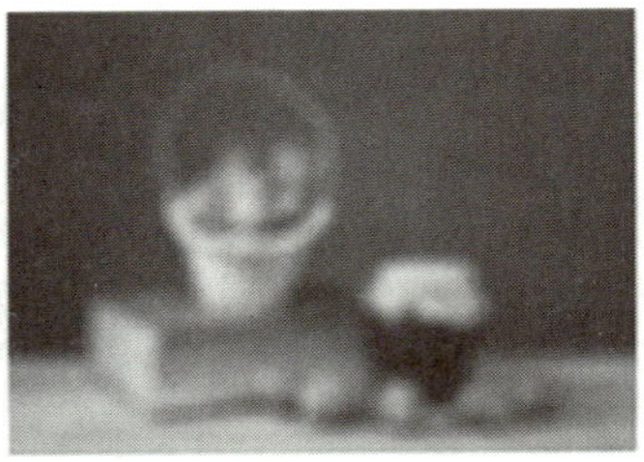

场景模糊

光圈模糊

移轴模糊

路径模糊

旋转模糊

图 7-24　模糊画廊滤镜效果前后对比

5. 扭曲滤镜

打开“第七章 / 素材 / 船”，选择【滤镜】—【扭曲】，此滤镜组效果能够生成一组从波浪到置换图像的变形效果。扭曲滤镜选项如图 7-25 所示。使用不同滤镜后制作出的效果如图 7-26 所示。

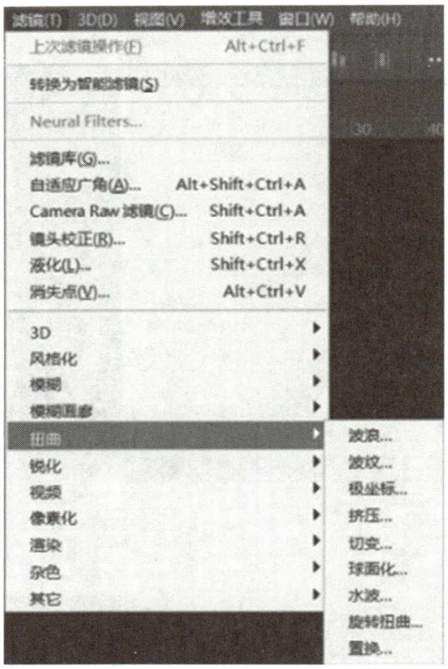

图 7-25　扭曲滤镜选项

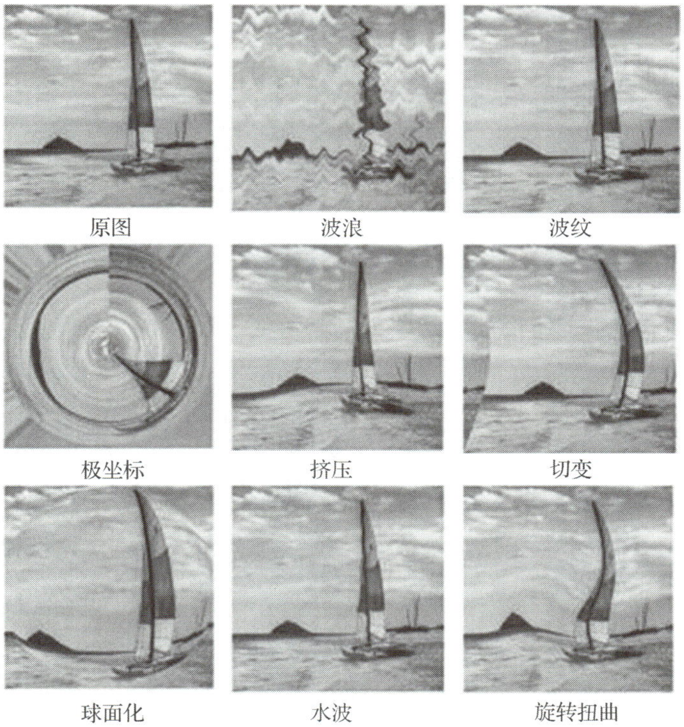

图 7-26　扭曲滤镜效果前后对比

6. 锐化滤镜

打开“第七章 / 素材 / 船”，选择【滤镜】—【锐化】，此滤镜组能够通过生成更大的对比度使图像清晰化，增强图像的轮廓，减少图像修改后产生的模糊效果。锐化滤镜选项，如图 7–27 所示。使用不同滤镜后制作出的效果如图 7–28 所示。

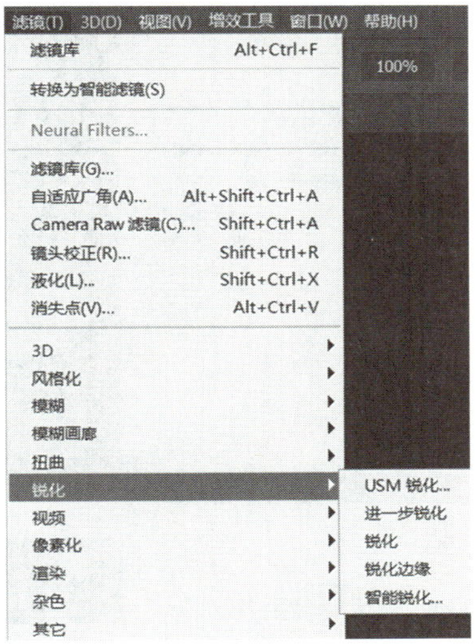

图 7-27　锐化滤镜选项

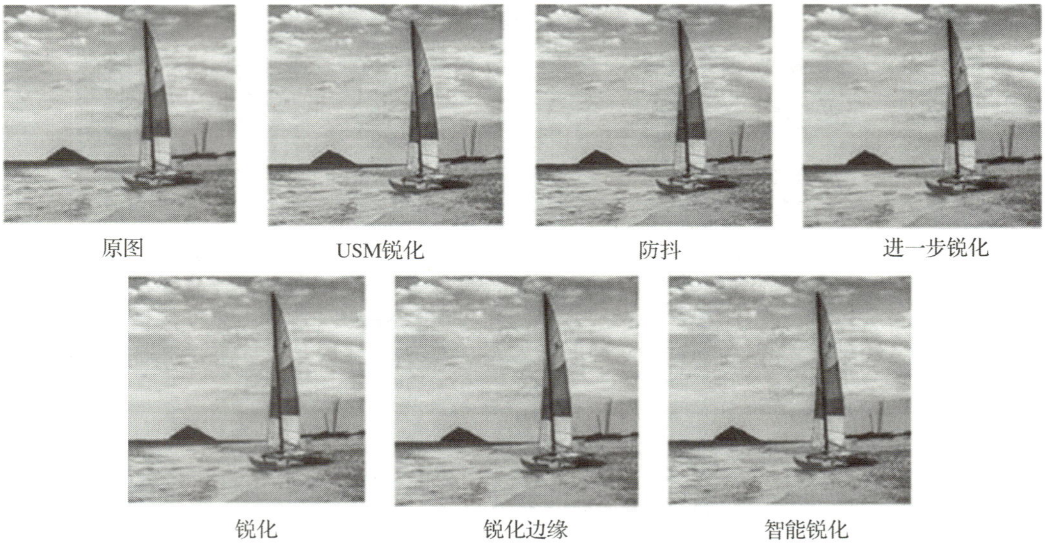

图 7-28　锐化滤镜效果前后对比

7. 视频滤镜

打开“第七章 / 素材 / 船”，选择【滤镜】—【视频】，此滤镜组将以隔行扫描方式提取的图像转换为视频设备可接收的图像，以解决图像交换时产生的系统差异。视频滤镜选项，如图 7–29 所示。使用不同滤镜后制作出的效果如图 7–30 所示。

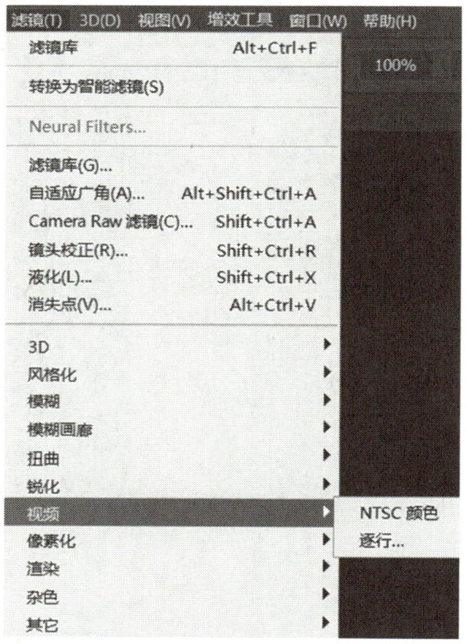

图 7-29　视频滤镜选项

原图　　NTSC颜色　　逐行

图 7-30　视频滤镜效果前后对比

8. 像素化滤镜

打开“第七章 / 素材 / 西瓜”，选择【滤镜】—【像素化】，此滤镜组能够将图像分块或将图像平面化。像素化滤镜选项如图 7-31 所示。使用不同滤镜后制作出的效果如图 7-32 所示。

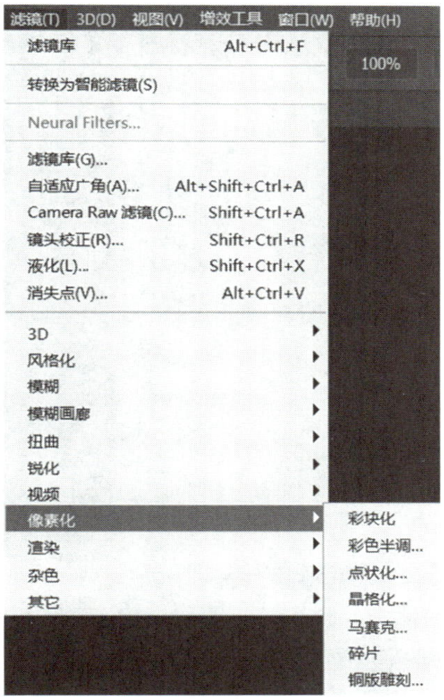

图 7-31　像素化滤镜选项

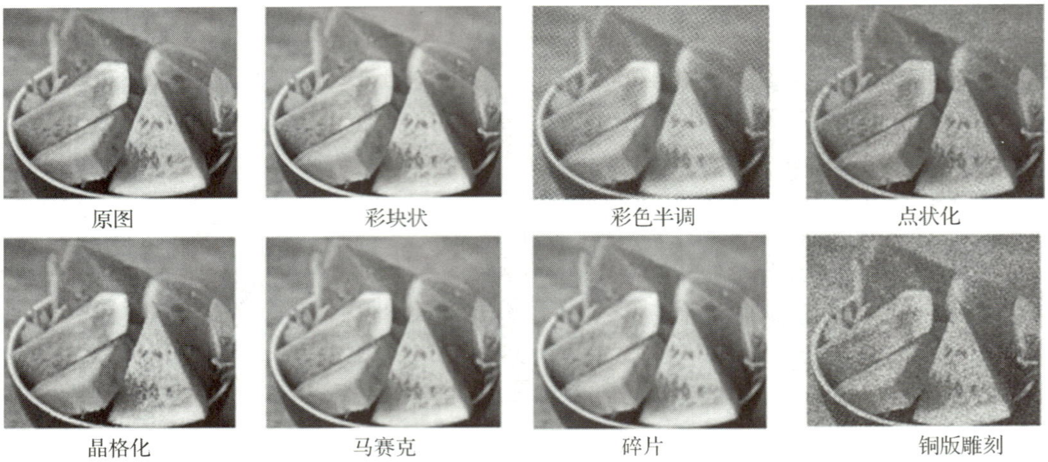

图 7-32　像素化滤镜效果前后对比

9. 渲染滤镜

打开“第七章 / 素材 / 花束”，选择【滤镜】—【渲染】，此滤镜组能够在图片中产生不同的光源效果和夜景效果。渲染滤镜选项，如图 7–33 所示。使用不同滤镜后制作出的效果如图 7–34 所示。

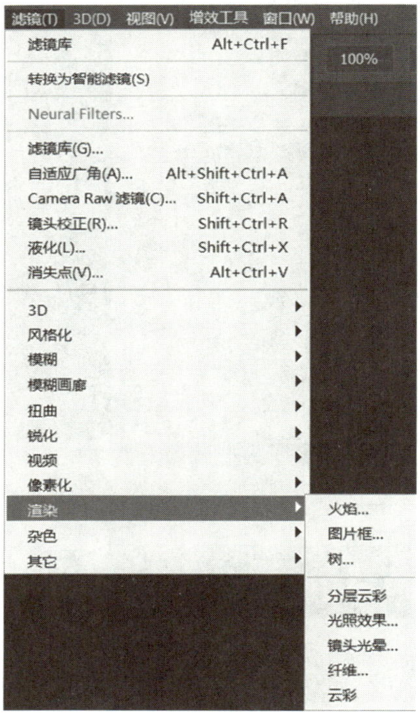

图 7-33　渲染滤镜选项

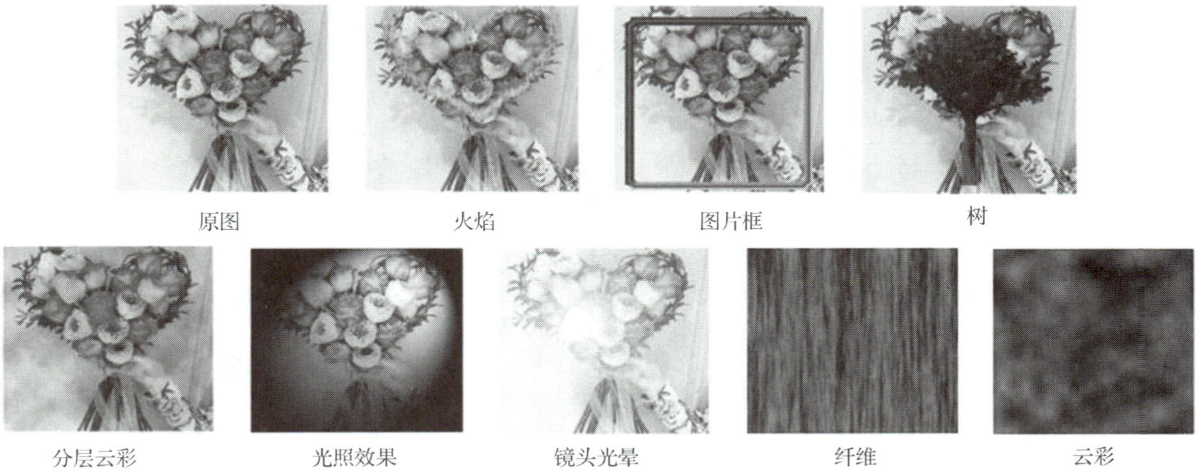

图 7-34　渲染滤镜效果前后对比

10. 杂色滤镜

打开“第七章 / 素材 / 小女孩”，选择【滤镜】—【杂色】，此滤镜组能够混合干扰制作出着色像素图案的纹理。杂色滤镜选项，如图 7-35 所示。使用不同滤镜后制作出的效果如图 7-36 所示。

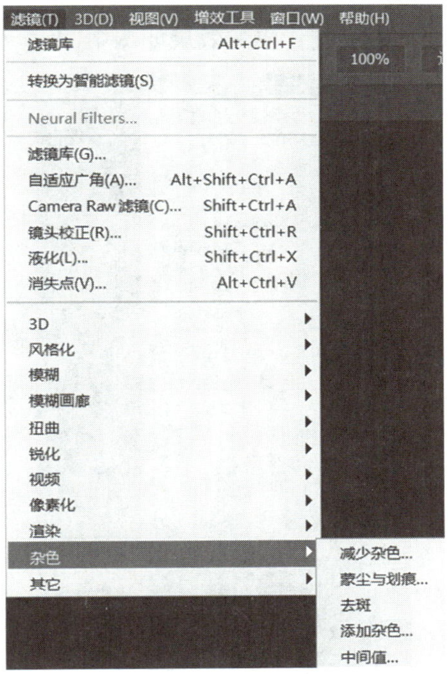

图 7-35　杂色滤镜选项

图 7-36　杂色滤镜效果前后对比

11．其他滤镜

打开“第七章 / 素材 / 康乃馨”，选择【滤镜】—【其他】，此滤镜组与其他分类的滤镜组不同的是，在此滤镜效果中，可以创建自己的特殊效果滤镜。其他滤镜选项如图 7-37 所示。使用不同滤镜后制作出的效果如图 7-38 所示。

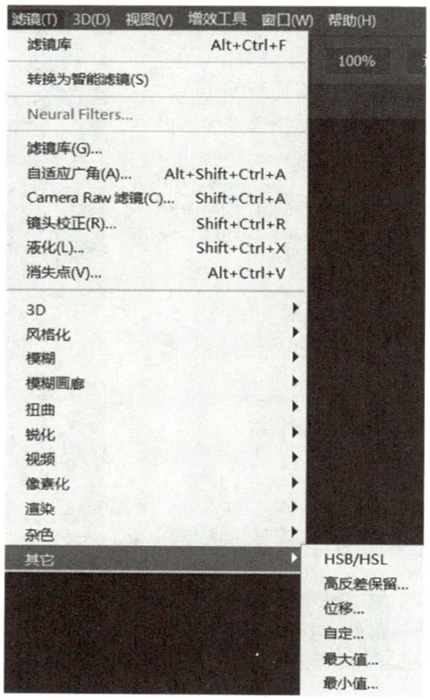

图 7-37　其他滤镜选项

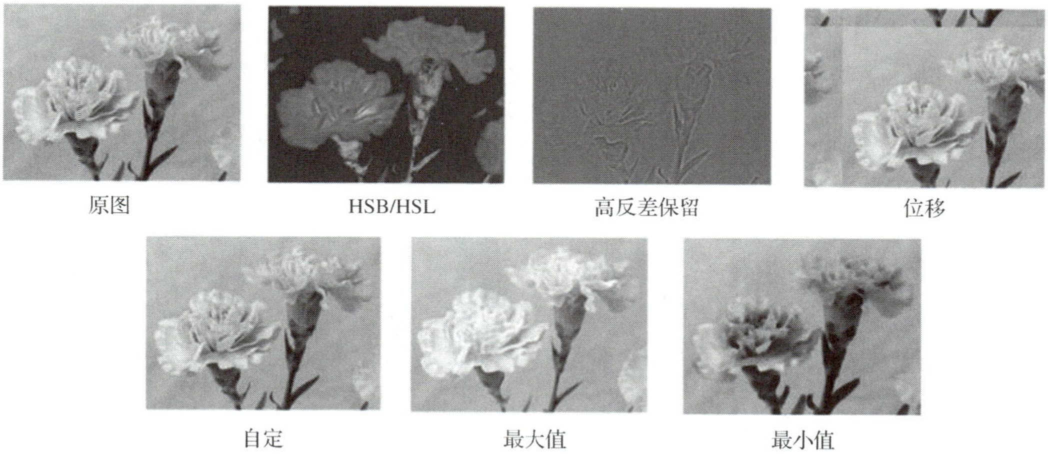

图 7-38　其他滤镜效果前后对比

五、课堂实战

实战任务为景观大理石纹理制作，最终效果如图 7-39 所示。

微课 7.- 景观大理石纹理制作

图 7-39　景观大理石纹理

实战步骤

①启动 Photoshop 软件。自定义一个宽 25 cm× 高 25 cm 的文档，分辨率为 300 像素，RGB 模式，单击【创建】。

②设置前景色为黑色（R0、G0、B0），背景色为白色（R255、G255、B255）。

选择【编辑】—【填充】，弹出对话框，内容选择“50% 灰色”，单击【确定】，如图 7–40 所示。

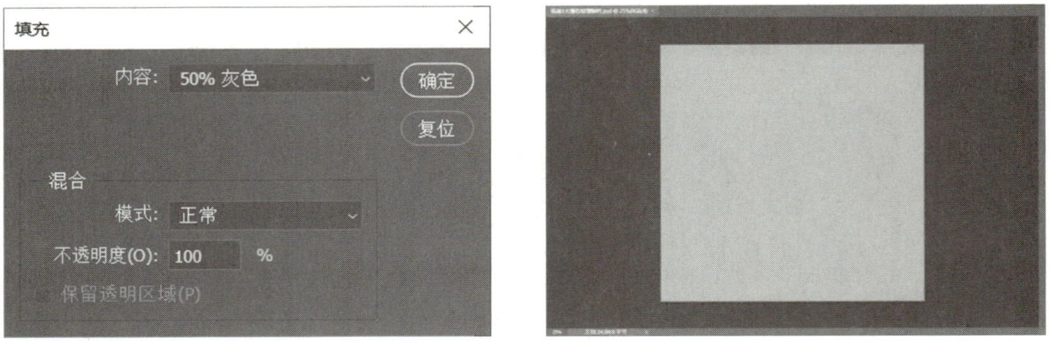

图 7–40　填充 50% 灰色

③选择【滤镜】—【渲染】—【分层云彩】，如图 7–41 所示。按快捷键【Ctrl+T】调整大小，如图 7–42 所示。

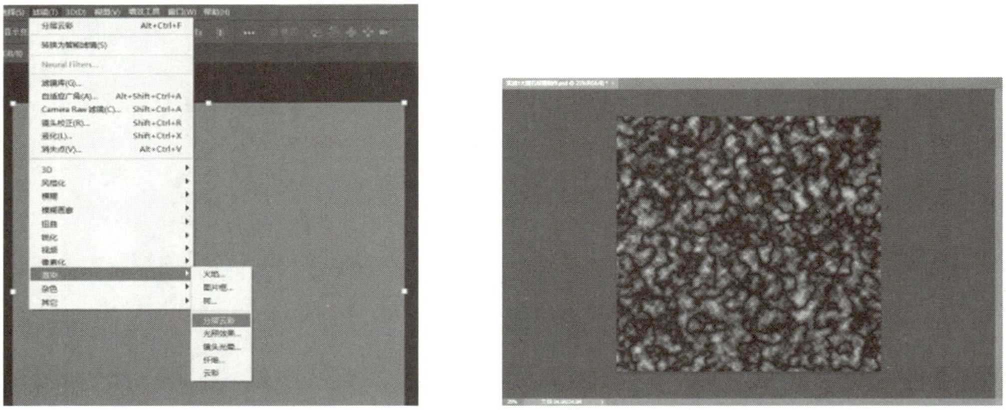

图 7–41　添加分层云彩

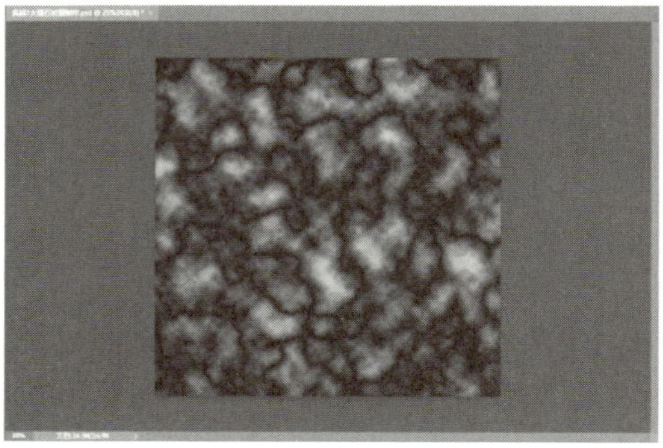

图 7–42　调整大小效果

④按快捷键【Ctrl+L】打开【色阶】，调整对比度，单击【确定】，如图 7–43 所示。复制图层，按快捷键【Ctrl+T】，单击右键选择旋转 180°，单击【确定】，如图 7–44 所示。单击【图层】，设置【图层】混合模式为【滤色】，如图 7–45 所示。

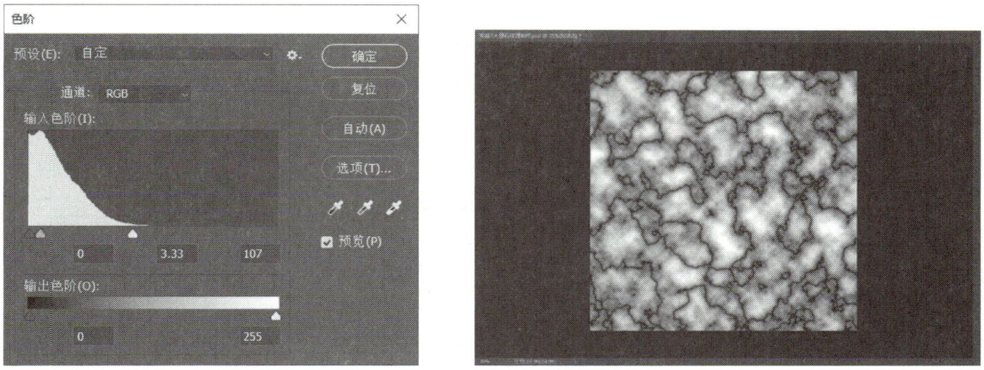

图 7–43 调整大小效果

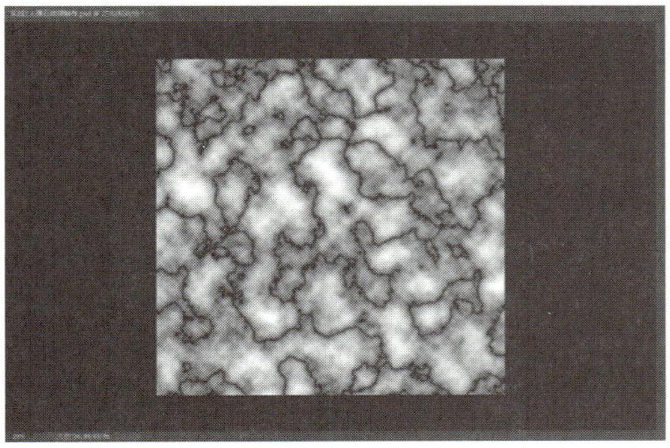

图 7–44 旋转 180 度效果

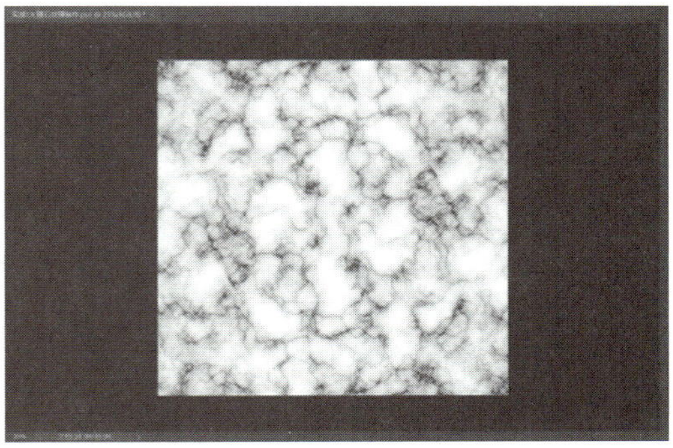

图 7–45 混合模式【滤色】效果

⑤按快捷键【Ctrl+E】合并可见图层，调整大小，复制 3 个，如图 7–46 所示。先将文档存储为 PSD 文件，随后存储为 JPG 文件，将 JPG 文件质量调到最佳质量，导出最终效果图。

图 7–46 合并效果

六、课后实战

实战任务为室内木纹纹理制作，最终效果如图 7–47 所示。

图 7–47　室内木纹纹理

以下训练内容请扫码学习。

微课 7.2　室内木纹纹理制作

章节笔记

第八章
认识图像色彩和色调的调整

微课8　认识图像色彩和色调的调整

本章导读

本章主要介绍图像颜色模式、图像色调调整、图像色彩调整、色彩特殊调整的多种命令。通过本章的学习，学生可以根据不同的需求，应用多种调整命令对图像的色彩或色调进行细微的调整，还可以对图像进行特殊颜色的处理。同时帮助学生掌握学习方法，培养认真细致、一丝不苟的工作作风和精益求精的工匠精神。

一、图像颜色模式

1. 位图

位图模式是用黑和白来表示图像中的像素，彩色图像转换为该模式后，会丢失大量细节，色相和饱和度信息都会被删除，只保留亮度信息。

打开“第八章/素材/草地”，单击【图像】—【模式】—【灰度】命令，现将其转换为【灰度】模式，再次单击【图像模式位图】命令，在弹出的【位图】对话框中设置图像的输出分辨率和转换方法，如图 8–1 所示。选择使用“50% 阈值、图案仿色、扩散仿色、半调网屏、自定图案”的各效果如图 8–2 所示。

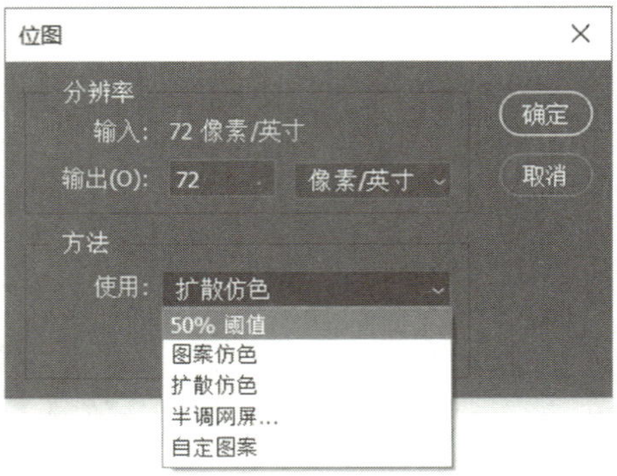

图 8–1 位图设置

50%阈值

图案仿色

扩散仿色

半调网屏

自定图案

图 8–2 效果

2. 灰度

灰度图又叫 8 bit 深度图。每个像素用 8 个二进制位表示，能产生 2^8（即 256）级灰色调。当一个彩色文件被转换为灰度模式文件时，所有的颜色信息都将从文件中丢失。尽管 Photoshop 允许将一个灰度文件转换为彩色模式文件，但不可能将原来的颜色完全还原。所以，当要转换灰度模式时，应先做好图像的备份。

与黑白照片一样，一个灰度模式的图像只有明暗值，没有色相和饱和度这两种颜色信息。0% 代表白，100% 代表黑。其中的 K 值用于衡量黑色油墨用量，颜色控制面板如图 8–3 所示。

3. 双色调

【双色调】模式采用 2 ~ 4 种彩色油墨来创建由双色调、三色调和四色调混合其色阶组成的图像，双色调模式可以使用尽量少的颜色表现尽量多的颜色层次。

4. 索引颜色

【索引颜色】模式可以使用 256 种或更少的颜色替代彩色图像中上百万种颜色，会构建一个颜色表存放图像中的颜色，如某种颜色没有出现在该表中，程序会选取最接近的一种颜色或使用仿色来模拟该颜色。图 8–4 为【索引颜色】对话框，设置【颜色】为“9”,【强制】为“黑白”，单击【确定】，效果如图 8–5 所示。设置【颜色】为“9”,【强制】为“三原色”，单击【确定】，效果如图 8–6 所示。

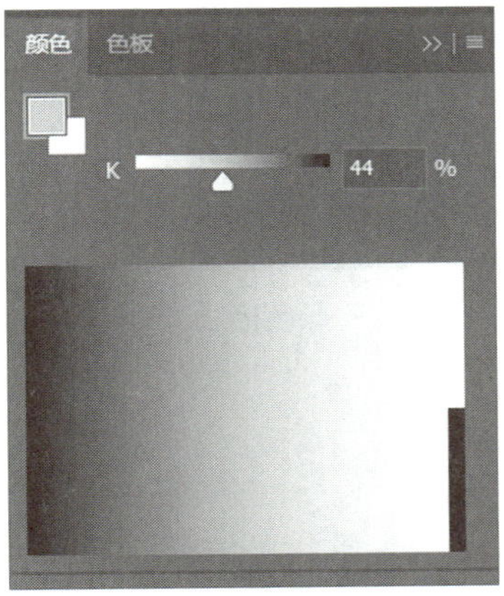

图 8–3　灰度色板

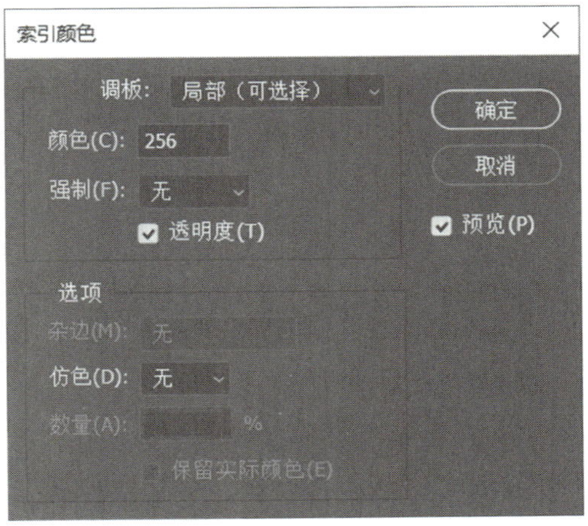

图 8–4 【索引颜色】对话框

图 8-5　强制为黑白效果

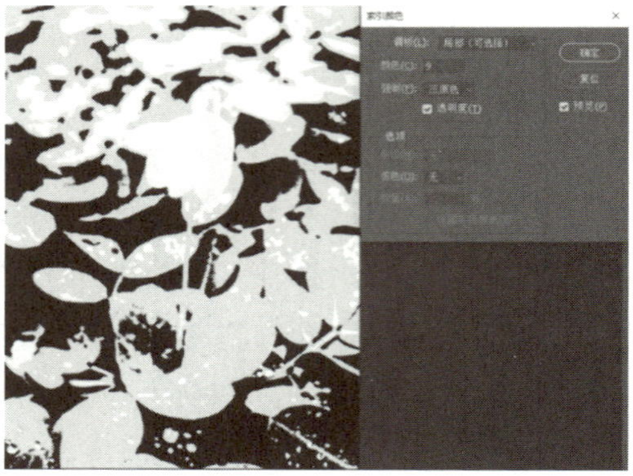

图 8-6　强制为三原色效果

5. RGB 颜色

与 CMYK 模式不同的是，RGB 模式是一种加色模式，它通过红、绿、蓝 3 种色光相叠加而形成更多的颜色。RGB 是色光的彩色模式，一幅 24 bit 的 RGB 图像有 3 个色彩信息的通道：红色（R）、绿色（G）和蓝色（B）。RGB 颜色控制面板如图 8-7 所示。

6. CMYK 颜色

CMYK 代表了印刷上用的 4 种油墨颜色：C 代表青色，M 代表洋红色，Y 代表黄色，K 代表黑色。CMYK 颜色控制面板如图 8-8 所示。

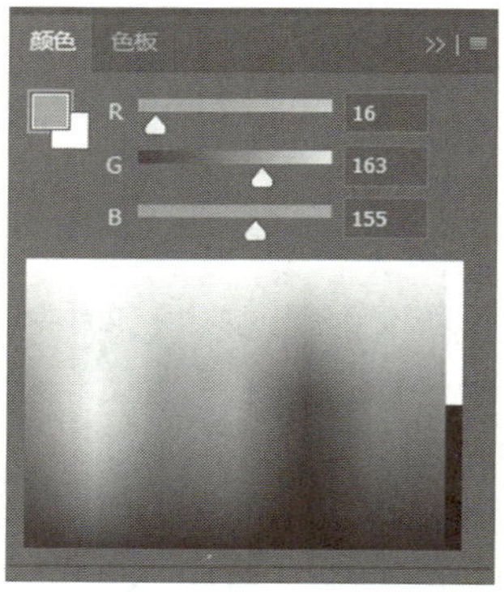

图 8-7　RGB 颜色板

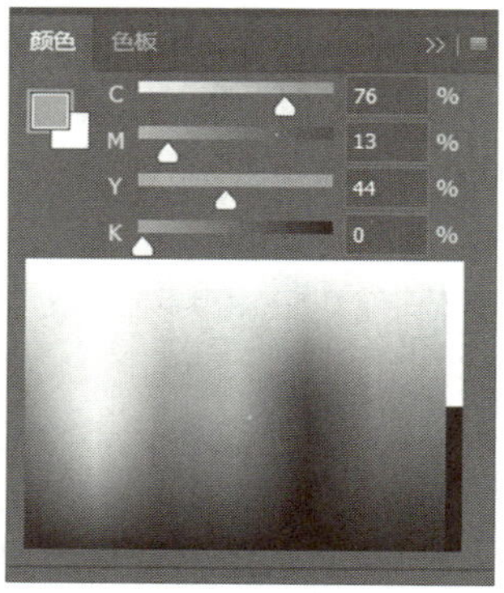

图 8-8　CMYK 颜色板

7. Lab 颜色

Lab 模式是在进行颜色模式转换时使用的中间模式，它的色域最宽，涵盖了 RGB 和 CMYK 的色域。L 代表亮度分量，a 代表由绿色到红色的光谱变化，b 代表由蓝色到黄色的光谱变化。

8. 多通道

多通道模式适用于有特殊打印要求的图像，将 RGB 图像转换为该模式后，可以得到青色、洋红、黄色通道。如果从 RGB、CMYK 或 Lab 图像中删除 1 个通道，图像将自动转换为多通道模式，图 8-9 为通道面板，图 8-10 为多通道模式效果。

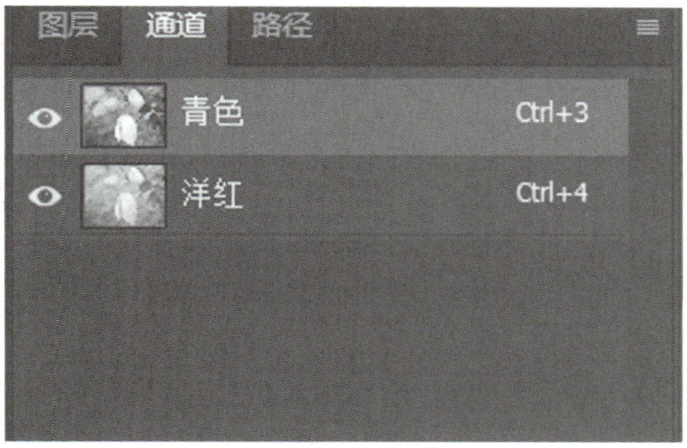

图 8-9　通道面板

图 8-10　多通道模式效果

二、图像色调调整

1. 自动色调

自动色调模式用于改善曝光不足或者过曝，可以提升图像层次感，它通过自动调整图像的黑色点和白色点（即图像中最暗和最亮的像素）来扩展图像的动态范围，使图像的细节更加清晰、层次分明，图 8-11 和图 8-12 所示为前后对比效果。

图 8-11　自动色调模式之前

图 8-12　自动色调模式之后

2. 自动对比度

自动对比度模式是一种更为直接的图像优化方式，它直接作用于图像的对比度，通过增加图像中最暗像素和最亮像素之间的差异来增强图像的视觉效果。从而增强图像表现力，快速优化图像质量，图 8-13 和图 8-14 所示为前后对比效果。

图 8-13　自动对比度模式之前

图 8-14　自动对比度模式之后

3. 自动颜色

自动颜色模式是主要基于图像中的中性灰（即理想的黑、白、灰）来校正图像的色彩平衡。当图像受到色温偏移（如偏蓝或偏黄）影响时，自动颜色能够自动识别并调整这些偏差，使图像中的颜色更加自然、准确。自动颜色模式主要应用于纠正色温偏差和快速色彩矫正，图 8-15 和图 8-16 所示为前后对比效果。

图 8-15　自动颜色模式之前

图 8-16　自动颜色模式之后

4. 色阶命令

打开“第八章 / 素材 / 花苞”，如图 8-17 所示。主菜单栏中选择【图像】—【调整】—【色阶】命令，或按快捷键【Ctrl+L】，弹出【色阶】对话框，如图 8-18 所示。

图 8-17　打开素材

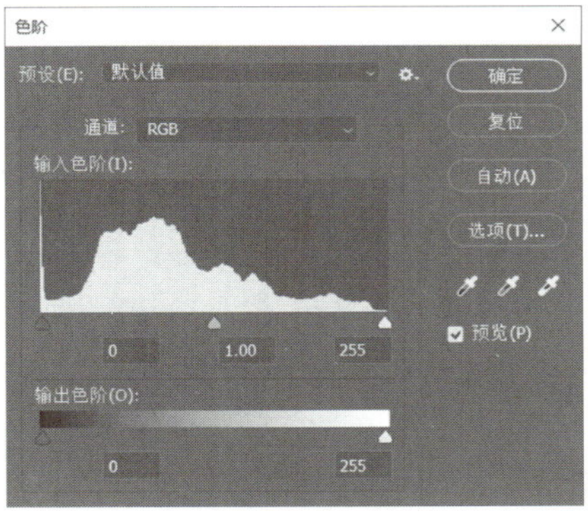

图 8-18　【色阶】对话框

【输入色阶】选项可以拖曳鼠标调整或输入数字调整图像明暗度。拖曳鼠标将三角滑块中间色调的滑块向左移动，图片变亮，如图 8-19 所示；滑块向右移动，图片变暗，如图 8-20 所示。

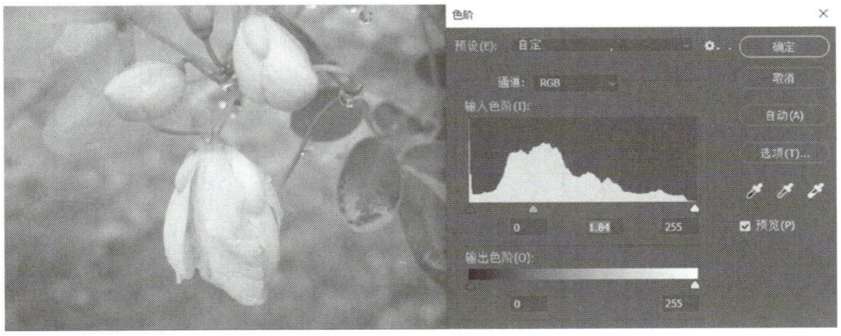

图 8-19　调整滑块向左边色阶效果

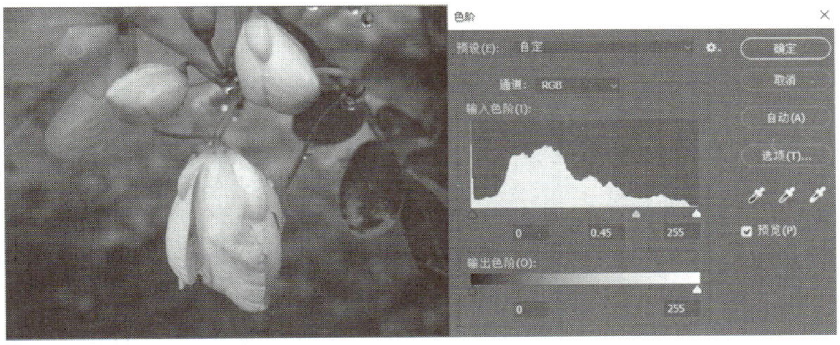

图 8-20　调整滑块向右边色阶效果

【输出色阶】选项可以通过输入数值或拖曳三角滑块来控制图像的亮度范围。左侧数值框和黑色滑块用于调整图像的最暗像素的亮度。右侧数值框和白色滑块用于调整图像的最亮像素的亮度。输出色阶的调整将增加图像的灰度，降低图像的对比度。调整【输出色阶】选项的 2 个滑块后，图像产生不同色彩效果，如图 8-21 和图 8-22 所示。

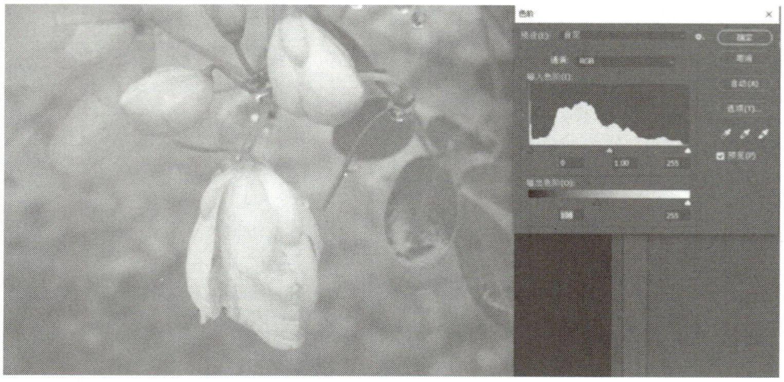

图 8-21　调整输出色阶效果 1

图 8-22　调整输出色阶效果 2

【自动】选项可自动调整图像并设置层次。单击色阶【自动】对图像进行加亮或变暗调整，分别如图 8-23 和图 8-24 所示。

图 8-23　调整自动色阶加亮效果

图 8–24　调整自动色阶变暗效果

5. 曲线命令

在主菜单栏中选择【图像】—【调整】—【色阶】命令，或按快捷键【Ctrl+M】，弹出【曲线】对话框，如图 8–25 所示。

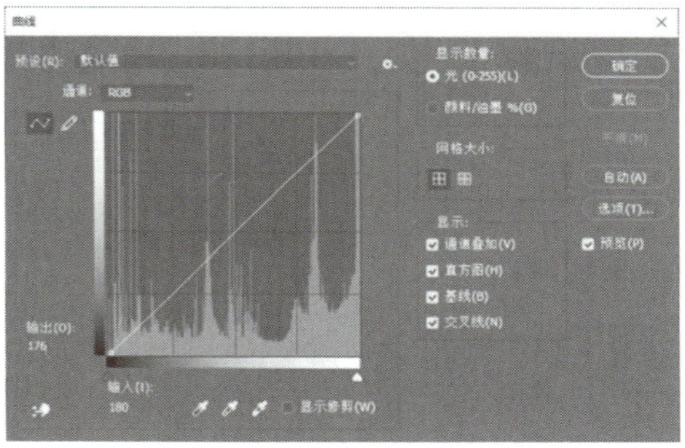

图 8–25　【曲线】对话框

【曲线】是调整图像亮度和明暗对比度最有效的命令。和【色阶】命令相似，不同的是【色阶】命令只能调整亮部、暗部和中间色调，而【曲线】命令将颜色范围分成若干个小方块，每个方块控制一个亮度层次的变化，不仅可以调整图像的亮部、暗部和中间色调，还可以调整灰阶曲线中的任何一个点。

打开“第八章 / 素材 / 公园景观”，如图 8–26 所示。通过调整曲线上的节点来调整图像，各类效果如图 8–27 至图 8–32 所示。

图 8–26　调整前的效果图

图 8-27　曲线上调图像变亮效果图

图 8-28　曲线下调图像变暗效果图

图 8-29　调整多个节点图像效果图

图 8-30　使用铅笔工具绘制曲线图像效果图

图 8-31　使用铅笔工具平滑曲线图像效果图

图 8-32　使用节点工具绘制曲线图像效果图

三、图像色彩调整

1. 自然饱和度

【自然饱和度】命令可以提升或降低照片色彩的鲜艳度。

打开“第八章 / 素材 / 灯塔”，如图 8-33 所示。选择菜单【图像】—【调整】—【自然饱和度】命令，弹出【自然饱和度】对话框，在对话框中设置自然饱和度为“100”，效果如图 8-34 所示。自然饱和度设置为“-100”，效果如图 8-35 所示。

图 8-33　原图效果

图 8-34　自然饱和度“100”效果

图 8-35　自然饱和度“-100”效果

打开“第八章 / 素材 / 灯塔”，选择菜单【图像】—【调整】—【自然饱和度】命令，弹出【自然饱和度】对话框，在对话框中设置饱和度为“100”，效果如图 8-36 所示。饱和度设为“-100”，效果如图 8-37 所示。

图 8-36　饱和度“100”效果

图 8-37　饱和度“-100”效果

2. 色相饱和度

打开“第八章 / 素材 / 码头”，如图 8-38 所示。选择菜单【图像】—【调整】—【色相饱和度】命令，或按快捷键【Ctrl+U】，弹出【色相饱和度】对话框，在对话框中进行设置，单击【确定】按钮，效果如图 8-39 所示。

图 8-38　原图效果

图 8-39　色相饱和度调整后效果

【预设】功能用于选择要调整的色彩范围，可以通过拖曳各选项中的滑块来调整图像的色相、饱和度和明度。

【着色】功能用于在由灰度模式转化而来的色彩模式图像中添加需要的颜色。

打开“第八章 / 素材 / 灯塔”，在【色相饱和度】对话框中进行设置，勾选【着色】复选框，单击【确定】按钮后图像效果，如图 8–40 所示。

图 8–40　着色调整后效果

3. 色彩平衡

选择菜单栏【图像】—【调整】—【色彩平衡】命令，或按【Ctrl+B】快捷键，弹出【色彩平衡】对话框，如图 8–41 所示。

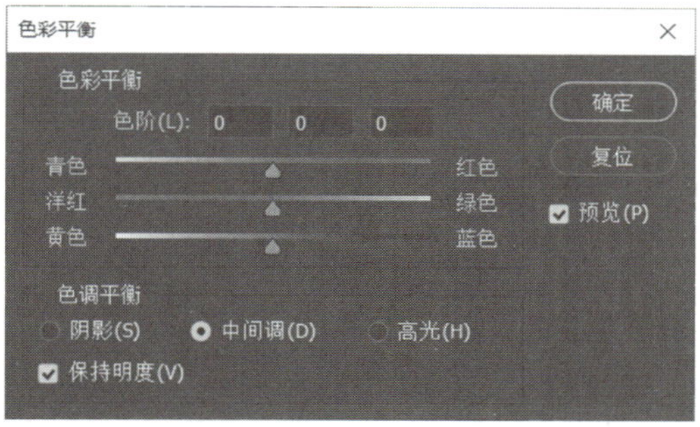

图 8–41 【色彩平衡】对话框

【色彩平衡】功能用于添加过渡色来平衡色彩效果，拖曳滑块可以调整整个图像的色彩，也可以在“色阶”选项的数值框中直接输入数值调整图像的色彩。

【色调平衡】功能用于选取图像的阴影、中间调和高光。

【保持明度】功能用于保持原图像的明度。

打开“第八章 / 素材 / 百日红”，如图 8–42 所示。在【色彩平衡】对话框中进行设置，勾选【阴影】，单击【确定】按钮，图像效果如图 8–43 所示。

打开“第八章 / 素材 / 百日红”，在【色彩平衡】对话框中进行设置，勾选【高光】，单击【确定】按钮，图像效果如图 8–44 所示。

图 8-42　原图效果

图 8-43　色彩平衡阴影效果

图 8-44　色彩平衡高光效果

4. 黑白

打开“第八章 / 素材 / 建筑风景”，选择菜单栏【图像】—【调整】—【黑白】命令，或按快捷键【Alt+Shift+Ctrl+B】，弹出【黑白】对话框，如图 8-45 所示。彩色照片变黑白照片若使用【去色】功能，则会损失很多细节，可以通过【黑白】命令进行调整。

【预设】功能可以在下拉列表中选取滤镜颜色效果。单击【色调】右边的颜色框，则会弹出【颜色拾色器】，可以根据画面的需要选择颜色，效果如图 8-46 所示。

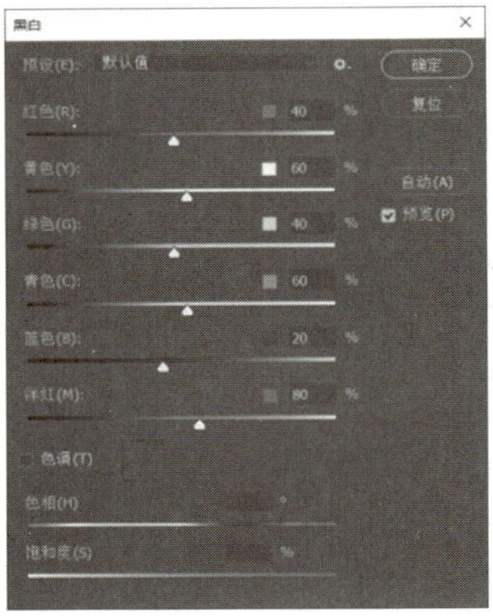

图 8-45 【黑白】对话框

图 8-46　去色黑白效果

5. 照片滤镜

选择菜单栏【图像】—【调整】—【照片滤镜】命令，弹出【照片滤镜】对话框，如图 8-47 所示。使用【照片滤镜】可以模拟在相机镜头前加上彩色滤光镜的效果。照片滤镜可以有效地对图像的颜色进行过滤，使图像产生不同颜色的滤色效果。

【滤镜】功能可以在下拉列表中选取特色的滤镜效果。

【颜色】功能是单击右边的颜色框，弹出颜色拾色器，可以根据画面的需要选择滤镜颜色。

【密度】功能是拖动滑块以便调整应用于图像的颜色数量，数值越大，应用的颜色调整越大。

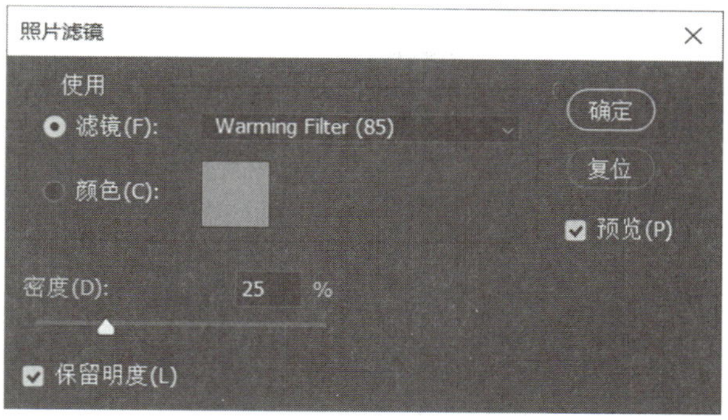

图 8-47 【照片滤镜】对话框

【保留明度】功能是在调整颜色的同时保持原图像的亮度。

打开“第八章 / 素材 / 梯田”，如图 8-48 所示。在【照片滤镜】对话框中进行设置，如图 8-49 所示，单击【确定】按钮，导出最终效果图像。

图 8-48　原图

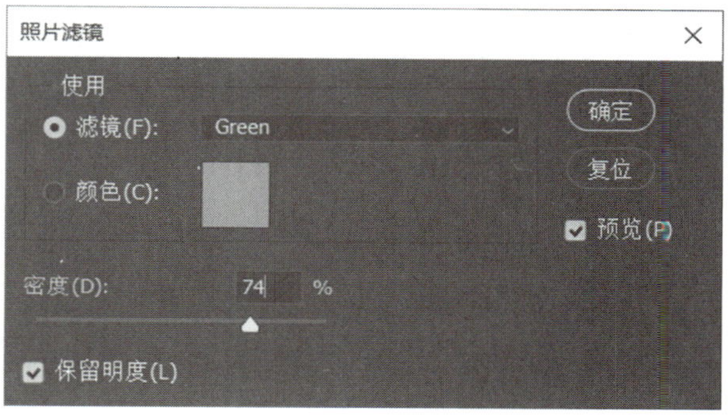

图 8-49 【照片滤镜】对话框

6. 通道混合器

打开“第八章 / 素材 / 果实”，如图 8-50 所示。选择菜单栏【图像】—【调整】—【通道混合器】命令，弹出【通道混合器】对话框，在对话框中进行设置，如图 8-51 所示。单击【确定】按钮，导出最终效果图像。

图 8-50　原图

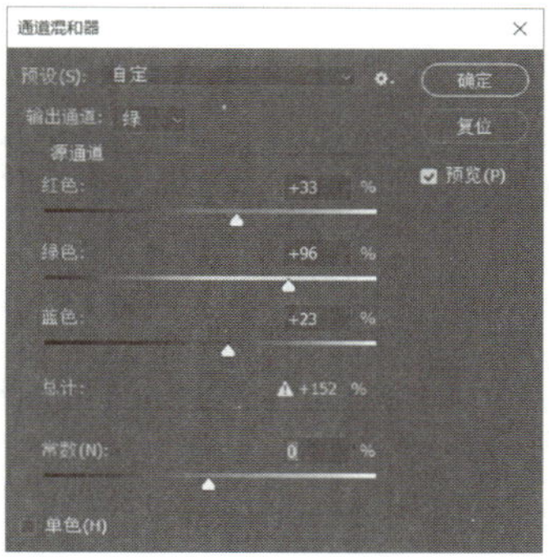

图 8-51 【通道混合器】对话框

【输出通道】功能可以选取要修改的通道。

【源通道】功能通过拖曳滑块来调整图像。

【常数】功能也可以通过拖曳滑块调整图像。

【单色】功能可创建灰度模式的图像。

7. 颜色查找

打开“第八章/素材/草地”，如图 5–52 所示。选择【颜色查找】界面，包含三个下拉菜单“3D LUT 文件、摘要、设备链接”，以及【仿色】选项，如图 8–53 所示。【仿色】选项应始终勾选，因为在应用某个预设后，可能会出现画质下降的问题。【仿色】可以防止这些问题出现，使照片看起来自然、平滑。

图 8–52　原图

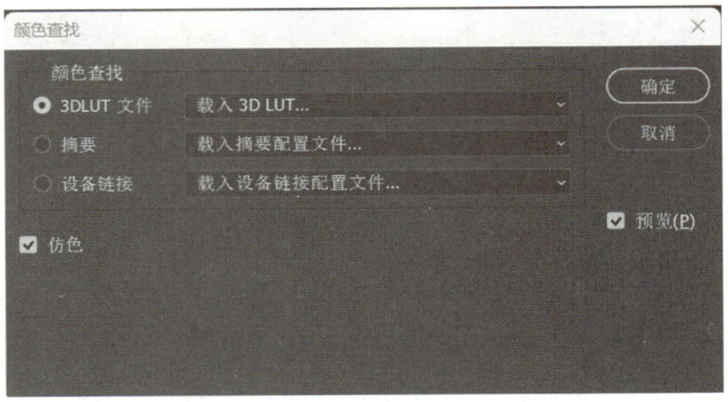

图 8–53　颜色查找界面

在“3D LUT”下拉菜单中，可以看到许多英文选项，这些选项代表不同的滤镜效果，如图 8–54 所示。点击选项即可应用这些效果，操作简单。滤镜的使用与常规滤镜没有区别，应用后可以通过调整图层的不透明度和蒙版来控制滤镜的强度、隐藏或显示，如图 8–55 所示。

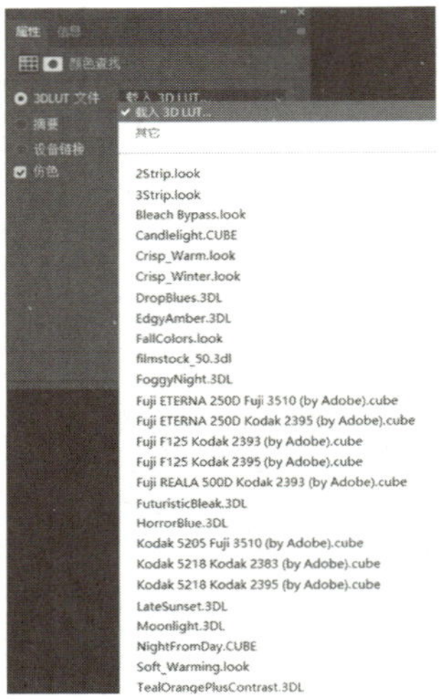

图 8–54　3D LUT 下拉菜单

图 8–55　Moonlight　3D LUT 效果

LUT 是“查找表”的缩写，这是显示器中的一个重要参数。要理解 3D LUT 的概念，需要了解一些颜色原理。照片中的 RGB 文件由红色、绿色和蓝色 3 种基本色组成，每种颜色的数值范围为 0 ~ 255。不同比例的红、绿、蓝混合在一起，可以在显示器上呈现出任何一种颜色。因此，任何一个颜色都可以用 3 个数值来描述（此处仅讨论 RGB）。例如，（R31、G105、B205）表示一种蓝色。而 3D LUT 的调色原理是，某个滤镜规定应用此设置后，原本的 RGB 值会变为（R41、G155、B155），此时颜色就从一种变为另一种。这种转换并非简单的加减关系，而是类似复杂的公式，通过重新安排所有颜色，达到整体调色的效果。

通过 LUT，可以将一组 RGB 值转换为另一组 RGB 值，从而改变画面的曝光与色彩。

四、色彩特殊调整

1. 反相

打开“第八章 / 素材 / 树枝”，如图 8-56 所示。选择菜单栏【图像】—【调整】—【相反】命令，或按【Ctrl+I】快捷键，可以将图像或选区的像素反转为其补色，使其呈现底片效果。不同色彩模式的图像反相后的效果如图 8-57 和图 8-58 所示。

注意：反相效果是对图像的每一个色彩通道进行反相后的合成效果，不同色彩模式的图像反相后的效果是不同的。

图 8-56　原图

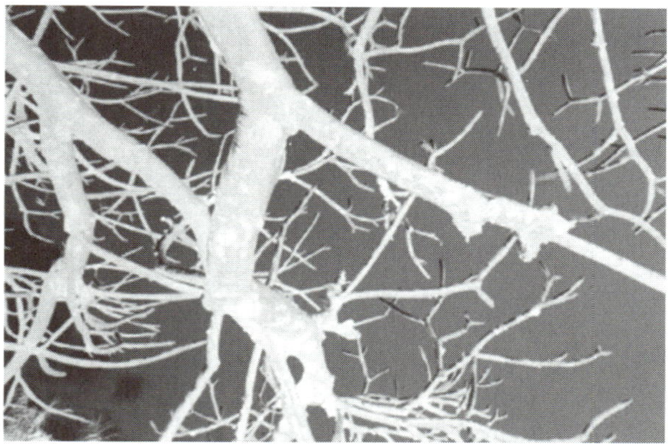

图 8-57　RGB 反相后效果图

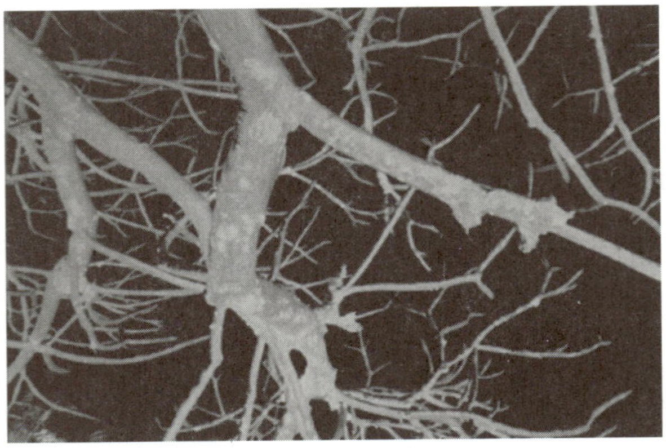

图 8-58　CMYK 反相后效果

2. 色调分离

打开“第八章 / 素材 / 黄花”，如图 8-59 所示。选择菜单栏【图像】—【调整】—【色调分离】命令，弹出【色调分离】对话框，如图 8-60 所示。在对话框中进行设置，单击【确定】，效果如图 8-61 所示。

图 8-59　原图

图 8-60 【色调分离】对话框

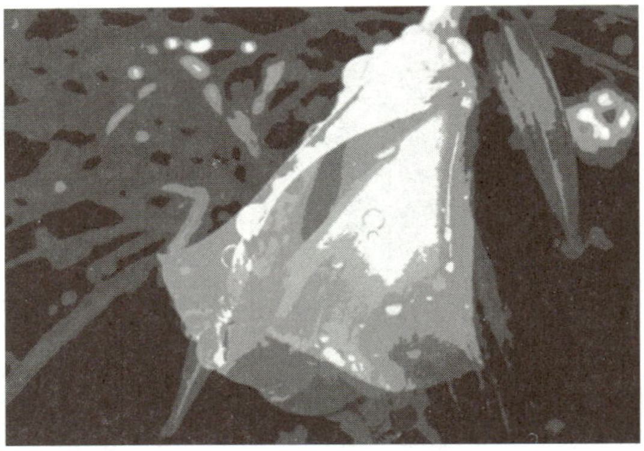

图 8-61　最终效果图

3. 阈值

打开“第八章 / 素材 / 木屋”，如图 8–62 所示。选择菜单【图像】—【调整】—【阈值】命令，弹出【阈值】对话框，在对话框中拖曳滑块或在【色阶】选项的数值框中输入数值，可以改变图像的阈值，系统将使大于阈值 255 的像素变为白色，小于阈值 1 的像素变为黑色，使图像具有高度反差，如图 8–63 所示。单击【确定】按钮，图像效果如图 8–64 所示。

图 8–62　原图

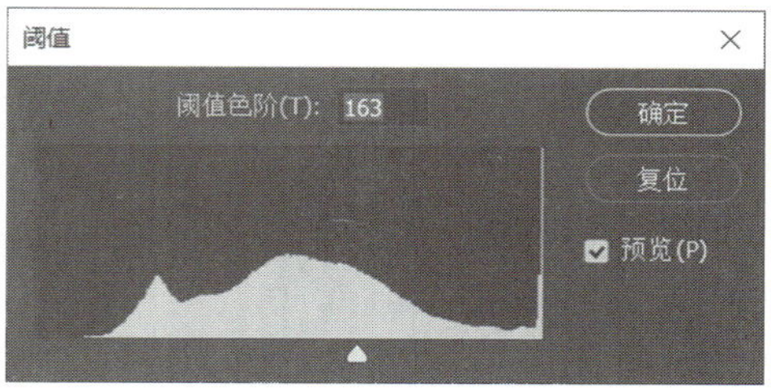

图 8–63　【阈值】对话框

图 8–64　最终效果图

4. 渐变映射

【渐变映射】命令可以将图像中的最暗色调对应为某一渐变色的最暗色调，将图像中的最亮色调对应为某一渐变色的最亮色调。默认情况下，图像的暗调、中间调和高光分别映射到渐变填充的起始颜色、中间端点和结束颜色。

打开“第八章 / 素材 / 餐厅”，如图 8–65 所示。选择菜单【图像】—【调整】—【渐变映射】命令，弹出【渐变映射】对话框，如图 8–66 所示。单击【灰度映射所用的渐变】选项的色带，在弹出的【渐变编辑器】对话框中设置渐变色，如图 8–67 所示。单击【确定】按钮，图像效果如图 8–68 所示。

图 8–65　原图

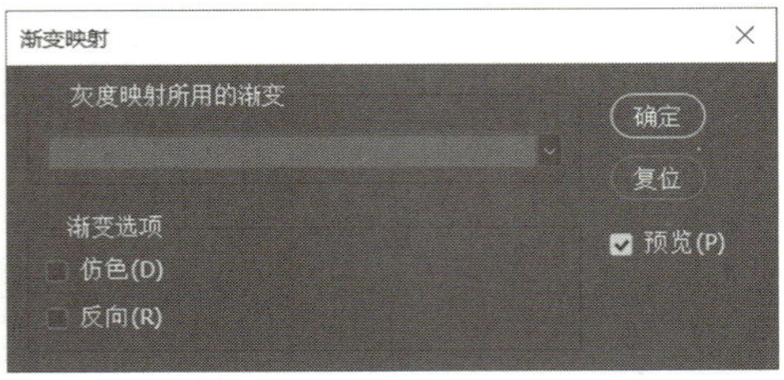

图 8–66　【渐变映射】对话框

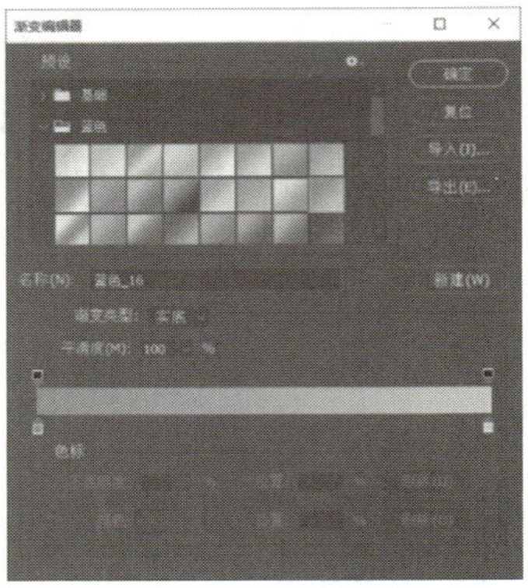

图 8–67　【渐变编辑器】对话框

图 8–68　最终效果图

【灰度映射所用的渐变】功能用于选择不同的渐变形式。

【仿色】功能用于为转变色阶后的图像增加仿色。

【反向】功能用于将转变色阶后的图像颜色反转。

5. 可选颜色

打开“第八章 / 素材 / 大草原”，如图 8–69 所示。选择菜单【图像】—【调整】—【可选颜色】命令，弹出【渐变映射】对话框，在对话框中进行设置，如图 8–70 所示。单击【确定】按钮，调整后导出图像。

在【颜色】下拉列表中可以选择图像中含有的不同色彩，可以通过拖曳滑块调整青色、洋红、黄色、黑色的百分比。调整方法可以选择【相对】或【绝对】。

图 8-69　原图

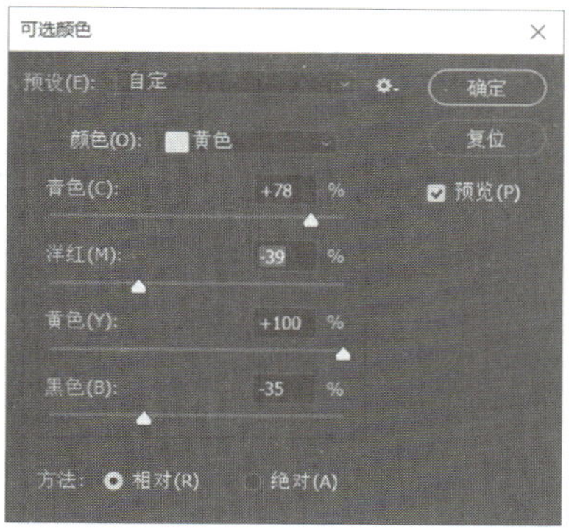

图 8-70　设置可选颜色

6. 去色

使用【去色】命令，可以去掉图像中的色彩，使图像变为灰度图，但图像的色彩模式并不改变。

打开“第八章 / 素材 / 卧室”，如图 8–71 所示。选择菜单【图像】—【调整】—【去色】命令，或按【Shift+Ctrl+U】快捷键，【去色】命令用于图像的选区，将选区中的图像进行去掉图像色彩的处理。调整后的图像效果如图 8–72 所示。

图 8–71　原始图片效果

图 8–72　去色后图片效果

7. 匹配颜色

【匹配颜色】命令可以将一个图像文件的颜色与另外一个图像文件的颜色相匹配，使这两幅色调不同的图像自动调节成为统一协调的颜色。【匹配颜色】命令仅适用于 RGB 模式，当要使不同照片中的颜色保持一致，或者一个图像中的某些颜色必须与另一个图像中的颜色匹配时，此命令非常有效。

打开“第八章 / 素材 / 书房与天空”，如图 8–73 所示。选择菜单【图像】—【调整】—【匹配颜色】命令，弹出【匹配颜色】对话框，如图 8–74 所示。在对话框中点击【图像统计】—【源】，选择填空进行设置【图像选项】参数，如图 8–75 所示。单击【确定】按钮，调整后导出图像。

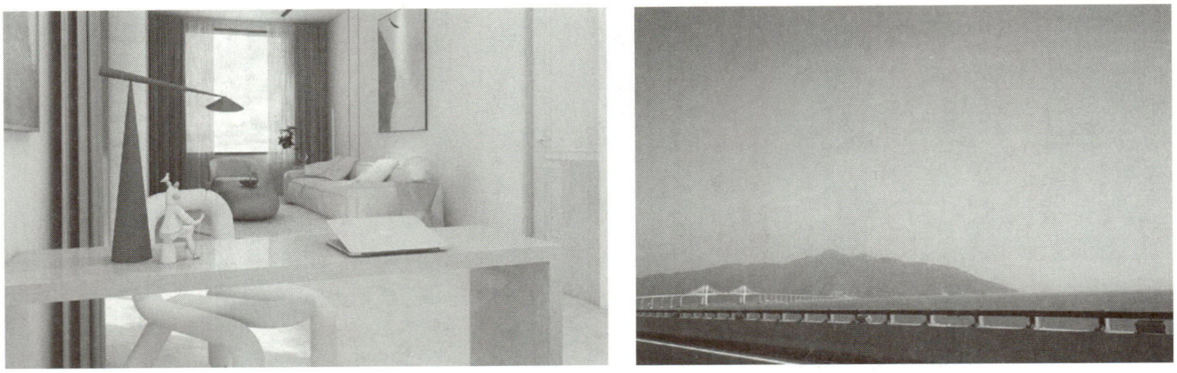

图 8–73　原始图片效果

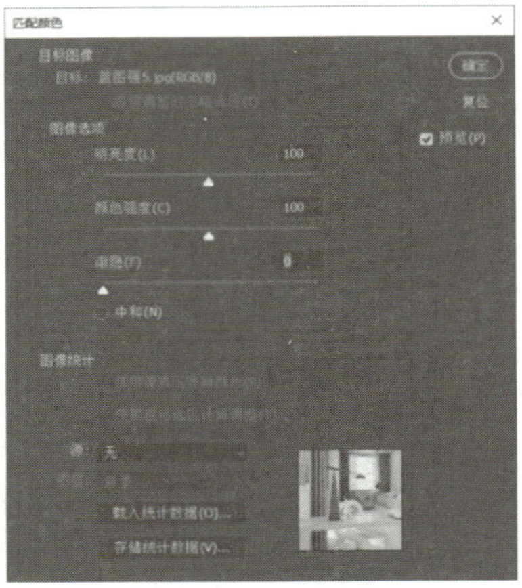

图 8–74　【匹配颜色】对话框

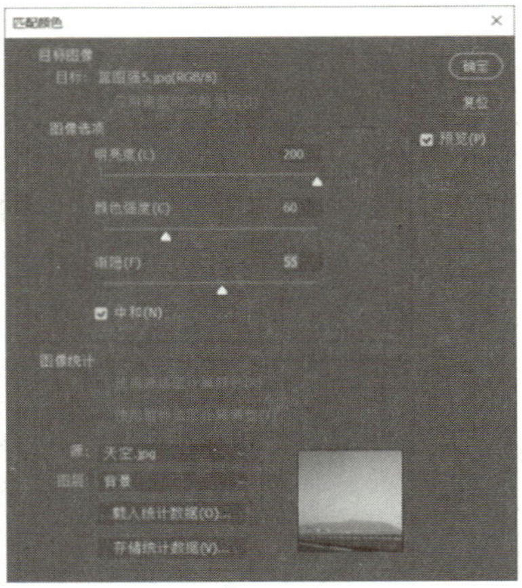

图 8–75　设置匹配颜色参数

8. 替换颜色

【替换颜色】功能用于在图像中查找相同的颜色，并替换为其他被指定的颜色。

打开“第八章 / 素材 / 花”，如图 8–76 所示。选择菜单【图像】—【调整】—【替换颜色】命令，弹出【替换颜色】对话框，如图 8–77 所示。选择【替换颜色】—【颜色容差】，设置【色相】和【饱和度】参数，如图 8–78 所示。单击【确定】按钮，调整后的图像效果如图 8–79 所示。

【吸管工具】功能可以在图像中吸取需要替换颜色的区域，并确定需要替换的颜色，可以连续地吸取颜色。

【颜色容差】功能可以选定颜色的选取范围，值越大，选取颜色的范围越大。

【替换】功能是通过对色相、饱和度和明度的调整来进行图像颜色的替换。

图 8-76　原始图片效果

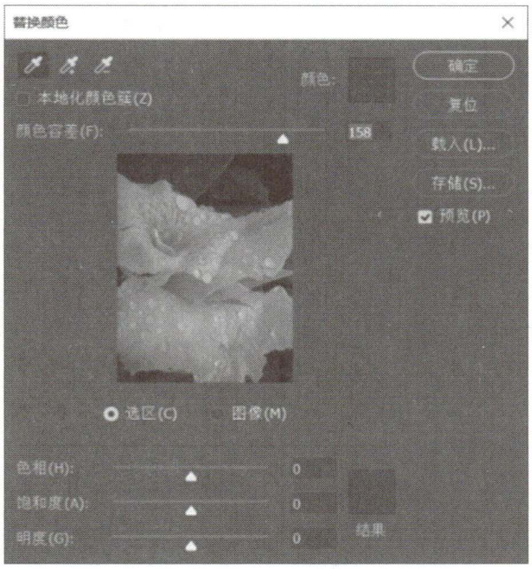

图 8-77 【替换颜色】对话框

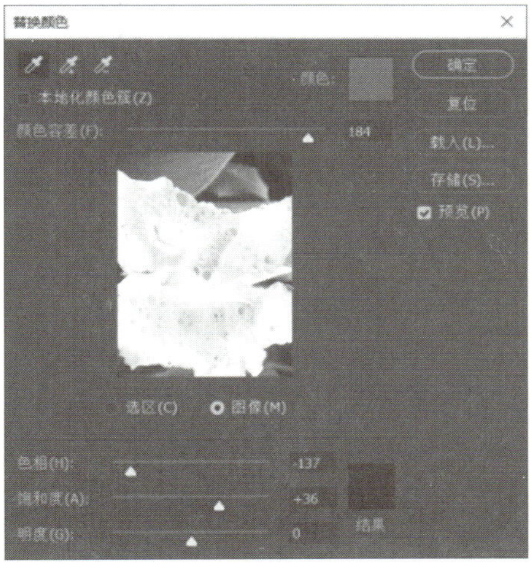

图 8-78　设置替换颜色参数

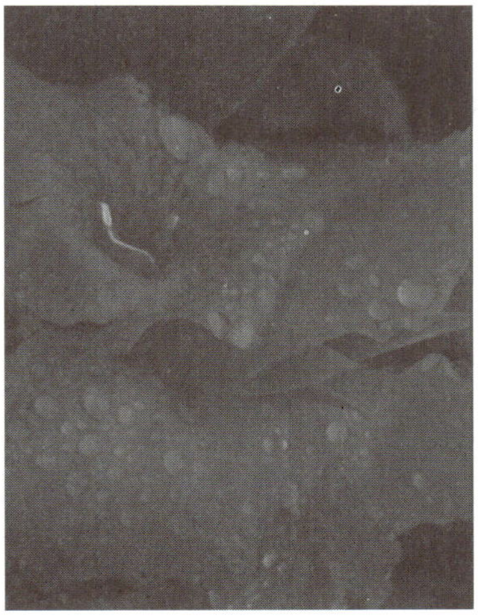

图 8-79　最终效果图

9. 色调均化

【色调均化】命令可以查找图像中最亮和最暗的像素，以最暗处像素值表示黑色（或相近的颜色），以最亮处像素值表示白色，然后使图像所有亮度级的分布更加均匀。

打开“第八章 / 素材 / 池塘”，如图 8-80 所示。选择菜单选择菜单【图像】—【调整】—【色调均化】命令，在不同的色彩模式下图像将产生不同的效果，如图 8-81 至图 8-83 所示。

图 8-80 原始图片

图 8-81 RGB 色调均化效果

图 8-82 CMYK 色调均化效果

图 8-83 Lab 色调均化效果

五、 课堂实战

微课 8.1 室内光线效果图制作

实战任务为室内光线效果图制作，最终效果如图 8-84 所示。

图 8-84 室内光线效果

实战步骤

①启动 Photoshop 软件。在菜单栏中选择【文件】—【打开】，置入“第八章 / 素材 1 文件”，单击【打开】按钮导入素材。

②单击图片【通道】，选择蓝色通道，如图 8–85 所示。按快捷键【Ctrl+A】后画面出现选区，然后按快捷键【Ctrl+V】，粘贴到【图层】，如图 8–86 所示。

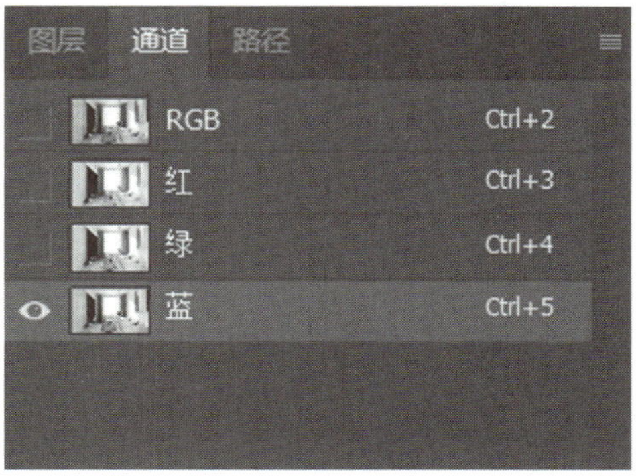

图 8–85　选择蓝色通道

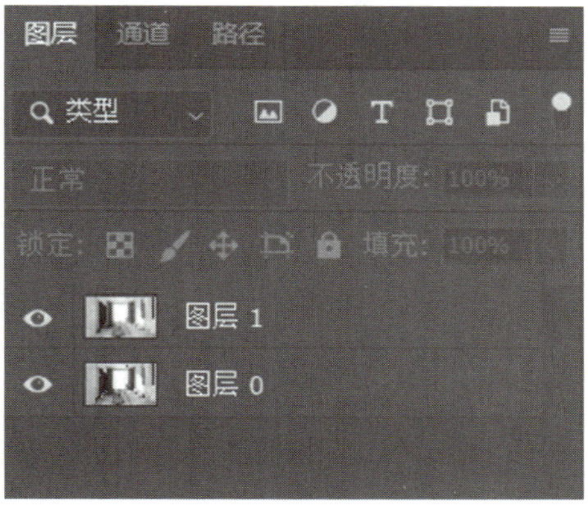

图 8–86　复制蓝色通道

③选择主菜单栏中【图像】—【调整】—【色阶】，弹出【色阶】对话框，参数设置如图 8–87 所示，单击【确定】，最终效果如图 8–88 所示。

④选择工具箱【画笔】工具，设置【画笔】—【不透明度】为 100，【流量】为 100，任意绘制大小不同的点，如图 8–89 所示。

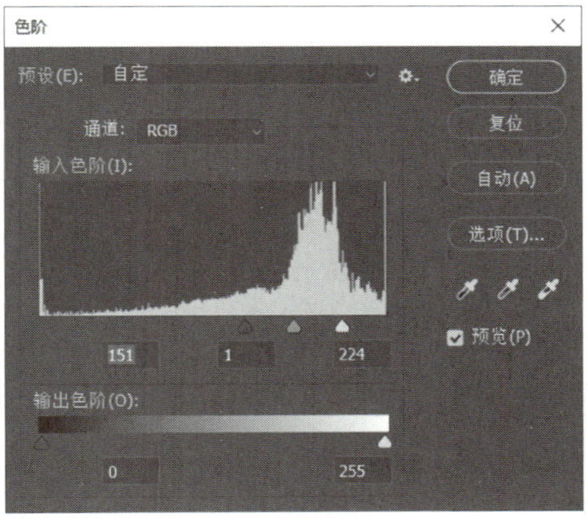

图 8–87　色阶参数设置

图 8–88　色阶调整后效果

⑤选择主菜单栏中【滤镜】—【径向模糊】，弹出【径向模糊】对话框，设置【数量】为 100，【模糊方法】为【缩放】，如图 8–90 所示。同样操作执行多次，得到新的图像效果，如图 8–91 所示。

⑥设置图层的【混合模式】为【滤色】，得到新的图像效果，如图 8–92 所示。

图 8-89　添加画笔效果

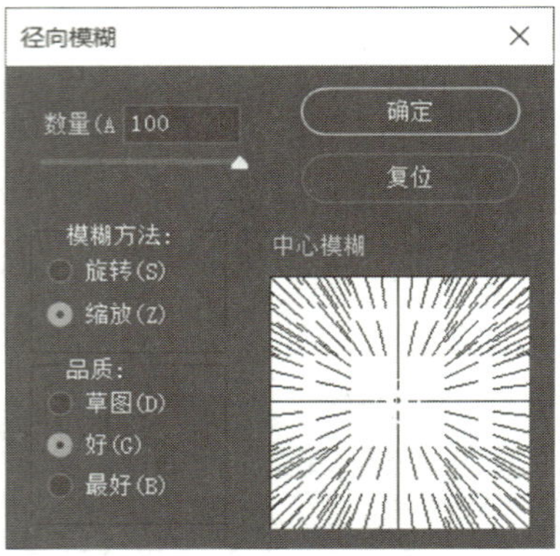

图 8-90　设置径向模糊参数

图 8-91　添加径向模糊效果

图 8-92　添加滤色效果

⑦选择工具箱【橡皮擦】工具 ，设置【画笔】的【不透明度】为 100，【流量】为 100，【平滑】为 50，擦掉不需要的部分，导出最终效果图。

六、课后实战

实战任务为水果节海报制作，最终效果如图 8-93 所示。

图 8-93　水果节海报

以下训练内容请扫码学习。

微课 8.2　水果节海报制作

章节笔记

章节笔记

第九章
综合项目实战

■ 本章导读

本章深入讲解 Photoshop 在多个应用领域的实际案例。通过项目实战描述、项目实战要点以及项目实战步骤，详细解析了 Photoshop 强大的应用功能和制作技巧。通过学习本章内容，学生能够掌握商业案例设计的理念和软件的技术要点，从而设计制作出达到专业水准的案例。

一、音乐会海报设计项目

1. 项目实战描述

本任务为国家大剧院举办的音乐会设计宣传海报，效果如图 9–1 所示。

图 9–1 音乐会海报

2. 项目实战要点

使用矩形工具、椭圆工具、钢笔工具绘制图形，使用横排、直排文字工具添加文字，使用置入命令置入图片，使用图层混合模式添加背景效果。

3. 项目实战步骤

启动 Photoshop 软件。选择【打印】—【A4】，设置宽 210 mm × 高 297 mm 的文档，分辨率为 300 像素，RGB 模式，单击【创建】。

（1）制作海报背景

① 在【图层面板】最下面的工具栏中，单击【创建新图层】并命名为背景色，设置前景色为棕色（R136、G113、B82），按【Alt+Delete】快捷键填充颜色，如图 9–2 所示。

② 在【图层面板】最下面的工具栏中，单击【创建新组】并命名为背景纹理。选择“第九章 / 素材”置入背景素材，复制多个后调整各个背景纹理素材的大小和位置，如图 9–3 所示。

图 9–2　填充背景色

图 9–3　置入背景素材

③ 选择【横排文字】工具 T，输入英文“MOON GUITAR”，设置【字体大小】143 点，【行距】208 点，【字距】100，颜色填充为棕色（R127、G100、B73），【不透明度】50%，如图 9–4 所示。执行同样的操作输入英文“MUSICAL INSTRUMENT SYMBOL　CULTURE”，调整大小和位置，效果如图 9–5 所示。

图 9–4　输入文字

图 9–5　输入文字

（2）制作月琴图形

① 在【图层面板】最下面的工具栏中，单击【创建新组】，命名为月琴。在【图层面板】最下面的工具栏中，单击【创建新图层】，命名为图形。选择【椭圆选框】工具，按住【Shift】键绘制圆形。在菜单栏中选择【编辑】—【描边】命令，弹出【描边】对话框，设置【描边】55 像素，【颜色】黑色，【位置】居中，单击【确定】，如图 9–6 所示。

② 在【图层面板】最下面的工具栏中，单击【创建新组】命名为图形。选择【椭圆选椭圆框】工具，按住【Shift】键绘制圆形。设置前景色为绿色（R40、G161、B128），按【Alt+Delete】快捷键填充，按【Ctrl+D】快捷键取消选区，如图 9–7 所示。执行同样操作绘制其他圆，填充紫色（R250、G132、B215），红色（R255、G0、B0），效果如图 9–8 所示。

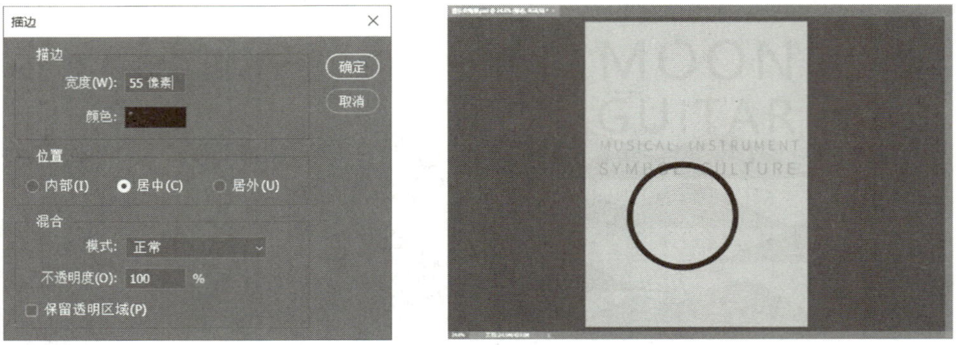

图 9-6　设置描边参数

图 9-7　绘制月琴身

图 9-8　填充颜色

③ 在【图层面板】最下面的工具栏中，单击【创建新图层】，命名为图形。选择【矩形】工具，设置属性栏【半径】50 像素，设置前景色为黑色（R0、G0、B0）绘制圆角矩形，如图 9-9 所示。设置前景色为黑色（R0、G0、B0），选择【椭圆】工具，绘制椭圆，将多余部分删除，效果如图 9-10 所示。

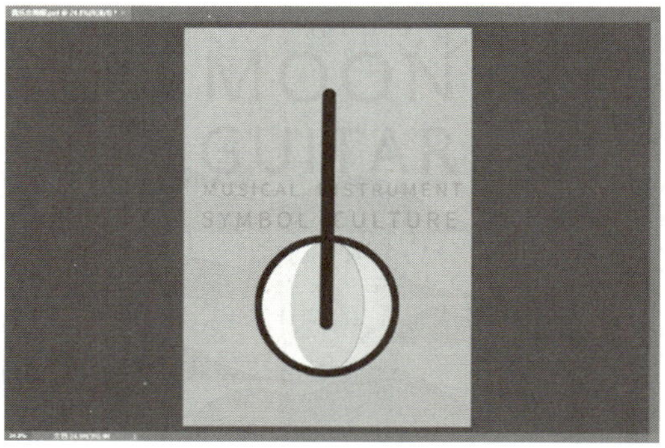

图 9-9　绘制月琴杠

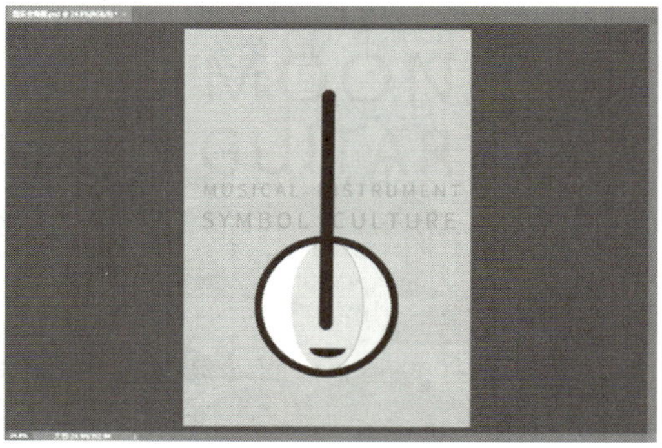

图 9-10　绘制月琴嘴

④ 在【图层面板】最下面的工具栏中，单击【创建新图层】，命名为图形。设置前景色为黑色（R0、G0、B0），选择【椭圆】工具，按住【Shift】键绘制正圆，复制 4 个并调整位置，如图 9-11 所示。执行同样操作绘制圆，调整大小和位置，效果如图 9-12 所示。

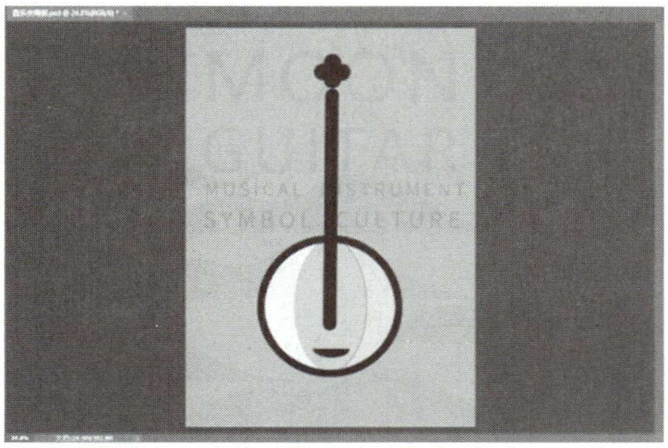

图 9-11 绘制月琴

图 9-12 绘制月琴头

⑤ 在【图层面板】最下面的工具栏中，单击【创建新图层】命名为波浪线。选择【钢笔】工具，设置属性栏为【形状】,【描边】白色，设置 20 像素，绘制波浪线，如图 9-13 所示。复制多条波浪线，设置【不透明度】50%，随后调整月琴和波浪线的角度，效果如图 9-14 所示。

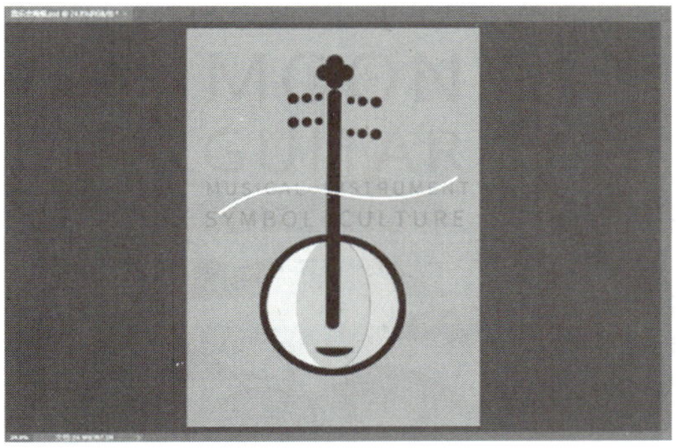

图 9-13 绘制波浪线

图 9-14 设置波浪线不透明度

（3）添加主题文字

① 在【图层面板】最下面的工具栏中，单击【创建新组】，命名为主题文字。设置前景色为黄色（R218、G185、B108），选择【横排文字】工具，输入文字“月琴之夜”，调整大小和位置，如图 9-15 所示。

图 9-15 输入主题文字

② 设置前景色为黑色（R0、G0、B0），选择【横排文字】工具，输入演出时间和地址信息，调整大小和位置，如图 9–16 所示。选择【直排文字】工具，输入文字“千年文明古国乐器符号文化”，调整大小和位置，效果如图 9–17 所示。

图 9–16　输入相关信息内容文字

图 9–17　输入文字最终效果

（4）添加音乐会信息文字说明

① 在【图层面板】最下面的工具栏中，单击【创建新组】，命名为信息文字说明。在【图层面板】最下面的工具栏中，单击【创建新图层】，命名为矩形。设置前景色为白色（R255、G255、B255），选择【矩形】工具，绘制矩形，设置【不透明度】50%，如图 9–18 所示。

② 在【图层面板】最下面的工具栏中，单击【创建新图层】，命名为线条。设置前景色为黑色（R255、G255、B255），选择【矩形】工具，绘制线条，如图 9–19 所示。

图 9–18　绘制矩形

图 9–19　绘制线条

③ 设置前景色为黑色（R255、G255、B255），选择【横排文字】工具，输入相关信息说明文字，调整字体大小和位置，如图 9–20 所示。选择“第九章 / 素材”置入二维码素材，调整二维码大小和位置，效果如图 9–21 所示。

（5）添加标志

选择“第九章 / 素材”置入标志素材，调整标志大小和位置，效果如图 9–22 所示。

（6）保存出图

先将文档存储为 PSD 文件，随后存储为 JPG 文件，将 JPG 文件质量调到最佳质量，导出最终效果图。

图 9-20　输入文字说明

图 9-21　置入二维码

图 9-22　置入标志

二、粽子包装礼盒设计项目

1. 项目实战描述

本任务为东城食府端午节设计粽子包装礼盒，效果如图 9-23 所示。

图 9-23　粽子包装礼盒

2. 项目实战要点

使用新建参考线命令添加参考线，使用矩形工具、三角形工具、钢笔工具绘制包装礼盒图案，使用剪贴模版命令，使用置入命令置入图片，使用文字工具添加文字信息，使用图层混合模式添加背景效果。

3. 项目实战步骤

启动 Photoshop 软件，自定义文档数值为宽 420 mm × 高 297 mm，分辨率为 300 像素，RGB 模式，单击【创建】。

（1）制作外盒包装

① 在【图层面板】最下面的工具栏中，单击【创建新图层】，命名为长方形。设置前景色为绿色（R50、G100、B79），选择【矩形】工具 ，属性栏设置为【像素】，绘制一个 2 800 × 1 400 像素的矩形，如图 9-24 所示。

② 选择“第九章 / 素材”置入底纹素材，按【Ctrl+T】快捷键调整大小和位置，设置【图层】混合模式为【正片叠加】，【不透明度】20%，如图 9-25 所示。按住【Alt】键，单击长方形【图层】创建剪切蒙版，效果如图 9-26 所示。

图 9-24　绘制绿色矩形

图 9-25　置入底纹素材

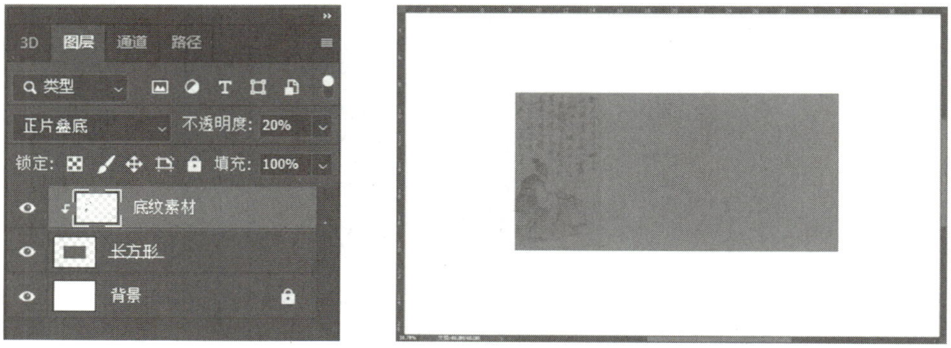

图 9-26　创建剪切蒙版

③ 在【图层面板】最下面的工具栏中，单击【创建新图层】，命名为竖条。设置前景色为绿色（R184、G241、B206），选择【矩形】工具 ，属性栏设置为【像素】，绘制两条粗细不同的竖线，如图 9–27 所示。

④ 选择【钢笔】工具 ，属性栏设置为【形状】，【填充】无，【描边】绿色（R184、G241、B206），设置 15 像素，双击【图层】，修改命名为粽子叶，如图 9–28 所示。

图 9–27　绘制竖线

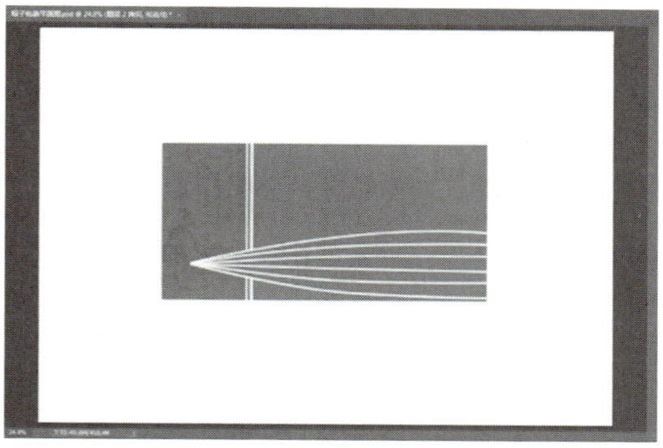

图 9–28　绘制粽子叶

⑤ 在【图层面板】最下面的工具栏中，单击【创建新组】，命名为外盒底纹。在【图层面板】最下面的工具栏中，单击【创建新图层】，命名为长方形。隐藏其他【图层】，设置前景色为绿色（R50、G100、B79），选择【矩形】工具 ，属性栏设置为【像素】，绘制长方形，如图 9–29 所示。

⑥ 复制 5 个粽子叶【图层】，调整粽子叶【图层】大小和位置关系，删除多余部分，如图 9–30 所示。按住【Alt】键，单击粽子叶【图层】创建剪切蒙版，效果如图 9–31 所示。

⑦ 选择“第九章 / 素材”置入边框素材，按【Ctrl+T】快捷键调整其大小和位置，效果如图 9–32 所示。执行同样操作置入文字素材，设置前景色为绿色（R198、G165、B112），选择【直排文字】工具 ，输入英文“ZONG QING　ZONG LI”，设置【字体大小】6 点，效果如图 9–33 所示。

图 9–29　绘制长方形

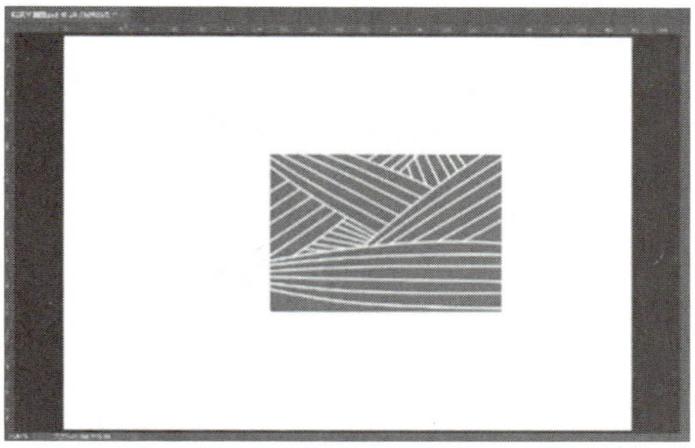

图 9–30　复制粽子叶

图 9-31　创建剪切蒙版

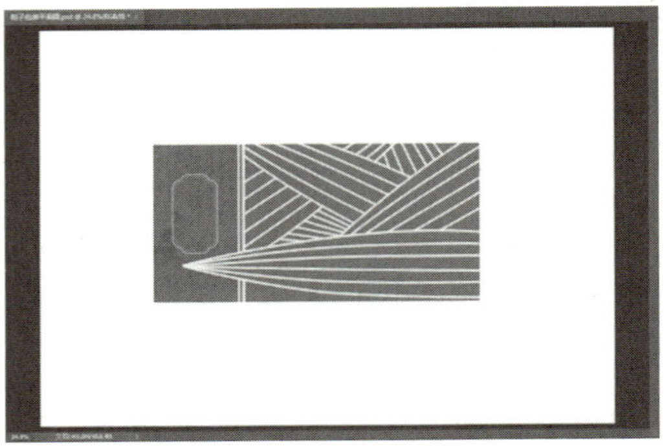

图 9-32　置入边框素材

图 9-33　置入文字素材

⑧ 在【图层面板】最下面的工具栏中，单击【创建新组】，命名为东城食府标志。在【图层面板】最下面的工具栏中，单击【创建新图层】，命名为边框。选择【钢笔】工具 ，属性栏设置为【路径】，绘制边框，如图 9-34 所示。选择【路径】按住【Ctrl】键并单击【工作路径】产生选区，按【Alt+Delete】快捷键填充绿色，按【Ctrl+D】键取消选区。在菜单栏中选择【编辑】—【描边】命令，弹出【描边】对话框，设置【描边】宽度 6 像素，设置【位置】居中，单击【确定】，如图 9-35 所示。

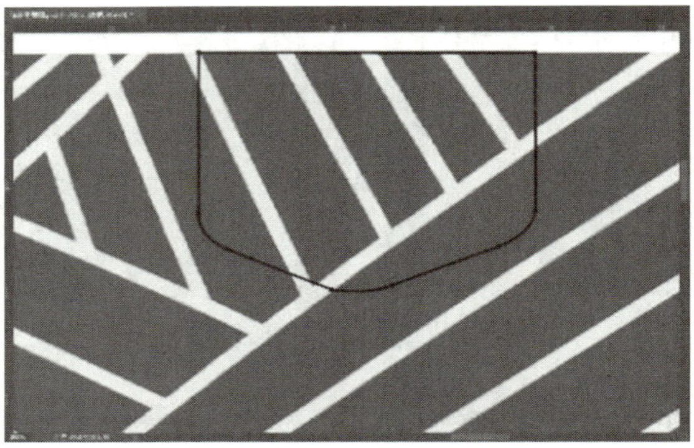

图 9-34　钢笔工具绘制边框

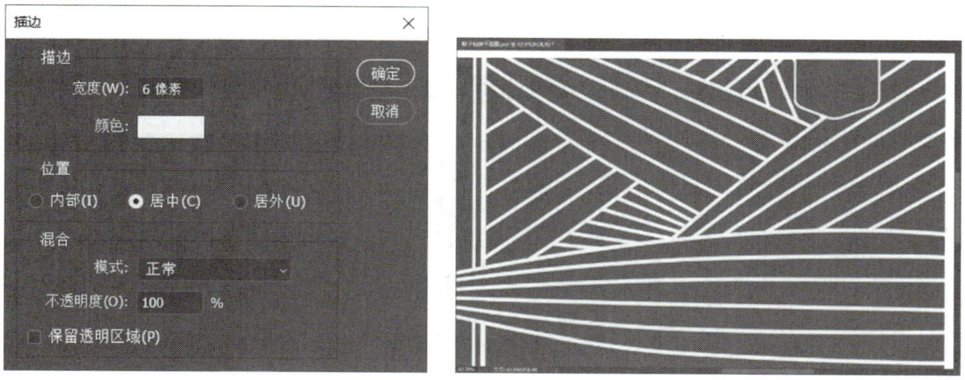

图 9-35　添加描边

⑨ 设置前景色为白色（R255、G255、B255），选择【横排文字】工具 T，输入文字“东城食府”，设置【字体大小】21.5 点，如图 9-36 所示。执行同样操作输入其他信息，效果如图 9-37 所示。

图 9-36　输入东城食府

图 9-37　输入英文

⑩ 在【图层面板】最下面的工具栏中，单击【创建新组】，命名为外盒文字信息。设置前景色为白色（R255、G255、B255），选择【横排文字】工具 T，输入文字“宝藏粗粮粽 品味好滋味”，设置【字体大小】11 点，如图 9-38 所示。执行同样操作输入其他信息，效果如图 9-39 所示。

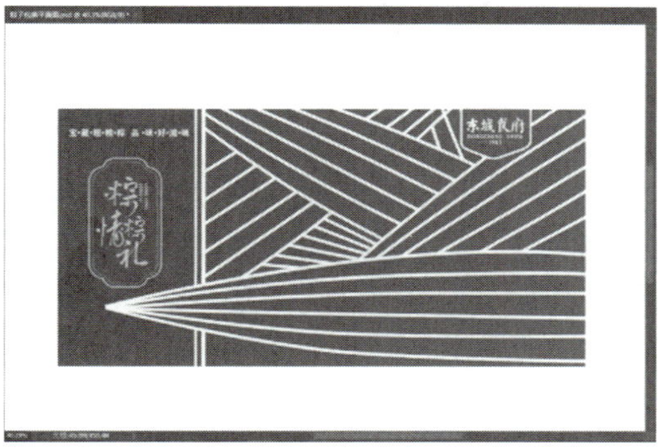

图 9-38　输入文字说明

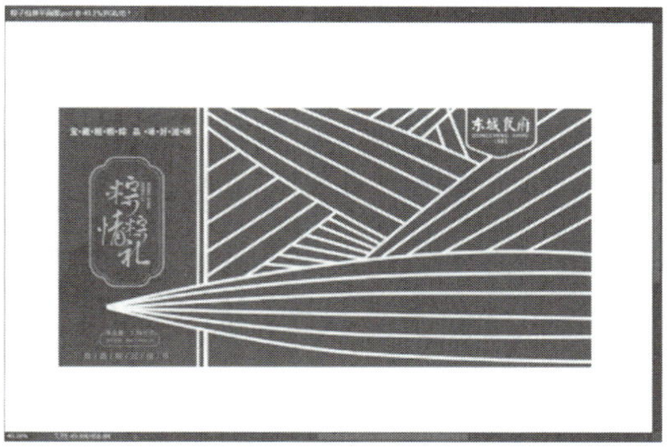

图 9-39　输入其他信息

（2）制作长条盒包装

① 在【图层面板】最下面的工具栏中，单击【创建新组】，命名为长条盒子。设置前景色为绿色（R50、G100、B79），选择【矩形】工具，属性栏设置为【像素】，绘制 2 000×500 像素的矩形，如图 9-40 所示。

图 9-40　绘制长方形

② 选择“第九章 / 素材”置入边框、文字素材，按【Ctrl+T】快捷键调整大小和位置，如图 9-41 所示。设置前景色为黄色（R198、G165、B112），选择【直排文字】工具，输入英文“ZONG QING　ZONG LI”，设置【字体大小】6 点，效果如图 9-42 所示。

图 9-41　置入边框、文字素材

图 9-42　输入英文

（3）制作三角盒包装

① 在【图层面板】最下面的工具栏中，单击【创建新组】，命名为三角盒。在【图层面板】最下面的工具栏中，单击【创建新图层】，命名为三角形。设置前景色为绿色（R50、G100、B79），选择【三角形】工具，属性栏设置为【像素】，绘制三角形，如图 9-43 所示。

② 复制粽子叶【图层】到三角盒子【组】。按住【Alt】键，单击粽子叶【图层】，创建剪切蒙版，将多余部分删除，效果如图 9-44 所示。

图 9-43　绘制三角形

③ 选择“第九章 / 素材”置入边框、文字素材，按快捷键【Ctrl+T】调整大小和位置，如图 9-45 所示。设置前景色为黑色（R0、G0、B0），选择【直排文字】工具，输入文字“粗粮鲜肉粽 140g”，设置【字体大小】17 点，效果如图 9-46 所示。

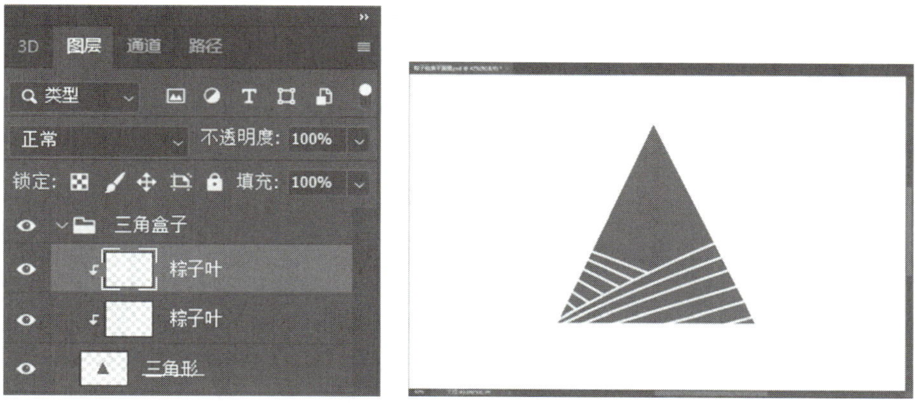

图 9-44　创建剪切蒙版

图 9-45　置入标志

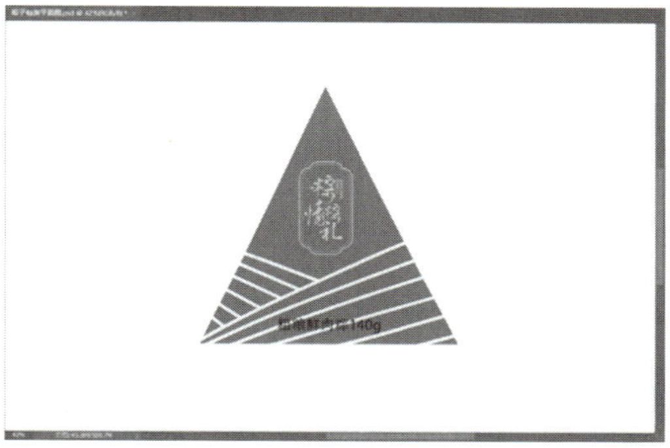

图 9-46　输入文字说明

④ 复制三个设置前景色为黑色（R0、G0、B0），选择【直排文字】工具，分别输入文字“粗粮蛋黄猪肉粽 140g”“茶香紫薯粽 140g”“绵绵豆沙粽 140g”，设置【字体大小】17 点，效果如图 9-47 所示。

（4）处理包装盒效果图

① 选择“第九章 / 素材”置入模型图素材，按【Ctrl+T】快捷键调整大小和位置，如图 9-48 所示。

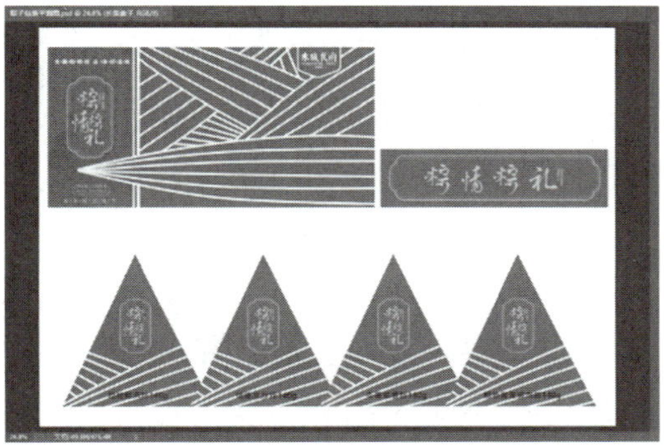

图 9-47　复制三角盒子

图 9-48　置入模型图素材

② 在【图层面板】最下面的工具栏中，单击【创建新组】，命名为三角盒贴图。在【图层面板】最下面的工具栏中，单击【创建新图层】，命名为三角盒。选择【魔棒】工具，选区三角盒子，如图 9–49 所示。设置前景色为绿色（R50、G100、B79），按【Alt+Delete】快捷键填充，按【Ctrl+D】快捷键取消选区。设置【图层】混合模式为【正片叠加】，效果如图 9–50 所示。

图 9–49　产生选区

图 9–50　填充绿色

③ 选择“第九章 / 素材”置入三角盒子平面图素材，按【Ctrl+T】快捷键并单击鼠标右键选择【斜切】，调整大小和位置，如图 9–51 所示。执行同样操作对礼盒贴图，效果如图 9–52 所示。

图 9–51　三角盒贴图

图 9–52　礼盒贴图

④ 选择“第九章 / 素材”置入标志素材，按【Ctrl+T】快捷键调整大小和位置，如图 9–53 所示。

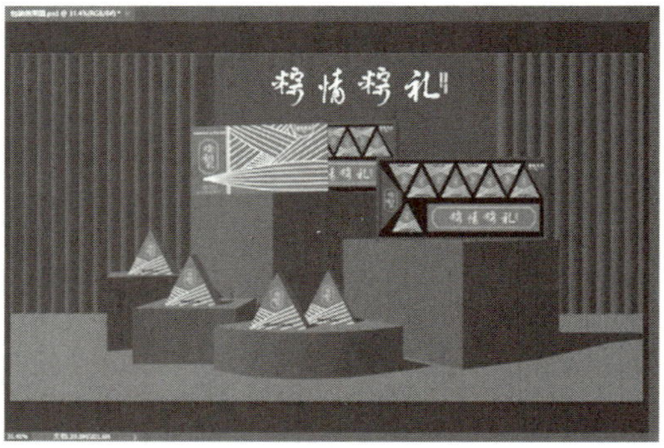

图 9–53　置入标志素材

⑤ 在【图层面板】最下面的工具栏中，单击【创建新图层】，命名为阴影效果。前景色设置为黑色（R0、G0、B0），选择【橡皮擦】工具，属性栏设置【大小】3200 像素，【不透明度】100%，【流量】100%，效果如图 9–54 所示。

⑥ 选择“第九章 / 素材”置入企业标志素材，按【Ctrl+T】快捷键调整大小和位置，放置到最顶层，效果如图 9–55 所示。

图 9–54 添加阴影效果

图 9–55 添加企业标志

（5）保存出图

先将文档存储为 PSD 文件，随后存储为 JPG 文件，将 JPG 文件质量调到最佳质量，导出最终效果图。

三、手机小程序 UI 界面设计项目

1. 项目实战描述

本任务为“無風治茶”品牌设计手机小程序 UI 界面，效果如图 9–56 所示。

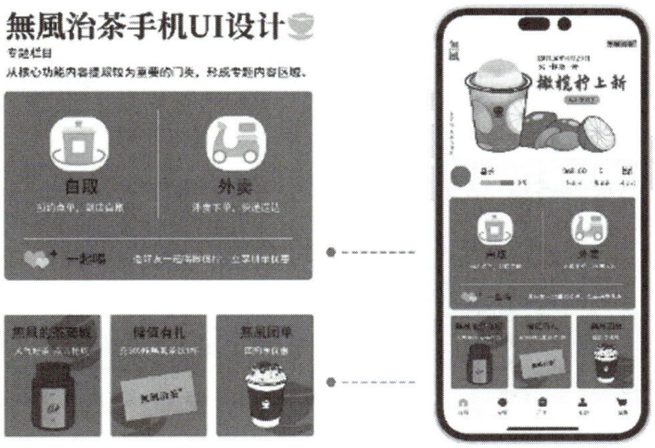

图 9–56 UI 界面设计

2. 项目实战要点

使用矩形工具、多边形工具、钢笔工具和填充命令绘制图形，使用横排文字工具添加文字，使用置入命令置入图片，使用文字工具添加文字信息，使用剪贴模版。

3. 项目实战步骤

启动 Photoshop 软件。自定义文档数值为宽 420 mm × 高 297 mm，分辨率为 300 像素，RGB 模式，单击【创建】。选择“第九章 / 素材”置入手机素材，按【Ctrl+T】快捷键调整大小和位置，如图 9-57 所示。

图 9-57　置入手机素材

（1）制作手机 UI 框架

① 在【图层面板】最下面的工具栏中，单击【创建新组】，命名为框架。选择【矩形】工具，属性栏设置为【形状】，绘制圆角矩形，弹出【属性】对话框，设置如图 9-58 所示。选择【钢笔】工具，属性栏设置为【形状】，【描边】灰色（R217、G216、B212），设置 5 像素。

② 选择【矩形】工具，属性栏设置为【形状】，绘制圆角矩形，弹出【属性】对话框，设置如图 9-59 所示。选择【钢笔】工具，属性栏设置为【形状】，绘制茶杯，【填充】绿色（R57、G76、B30），设置【不透明度】50%，如图 9-60 所示。

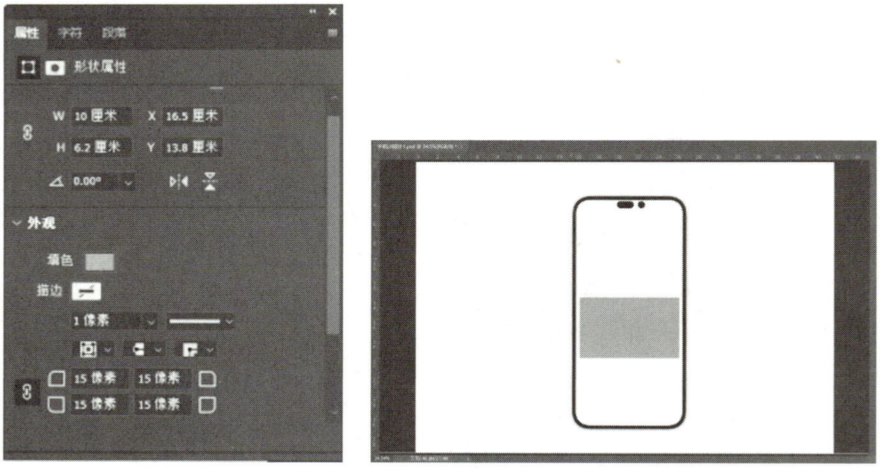

图 9-58　绘制圆角矩形

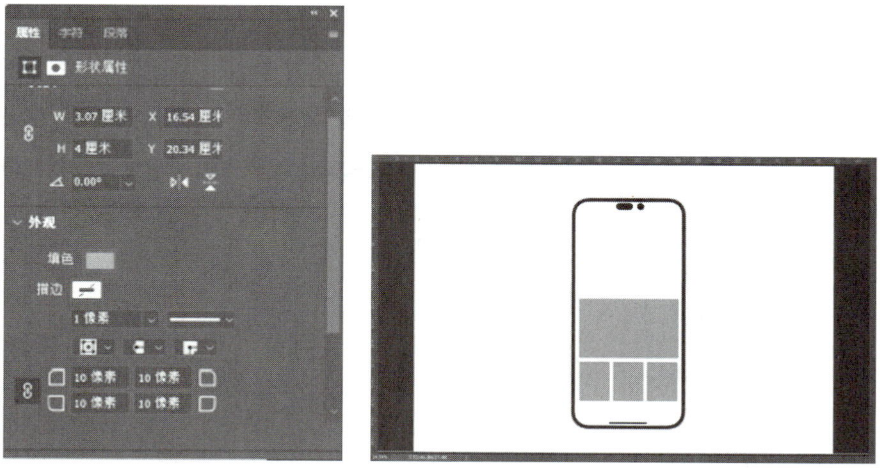

图 9-59　绘制多个圆角矩形

图 9-60　绘制茶杯

③ 旋转茶杯角度，按住【Alt】键，单击茶杯【图层】创建剪切蒙版，如图 9-61 所示。执行同样操作创建剪切蒙版，效果如图 9-62 所示。

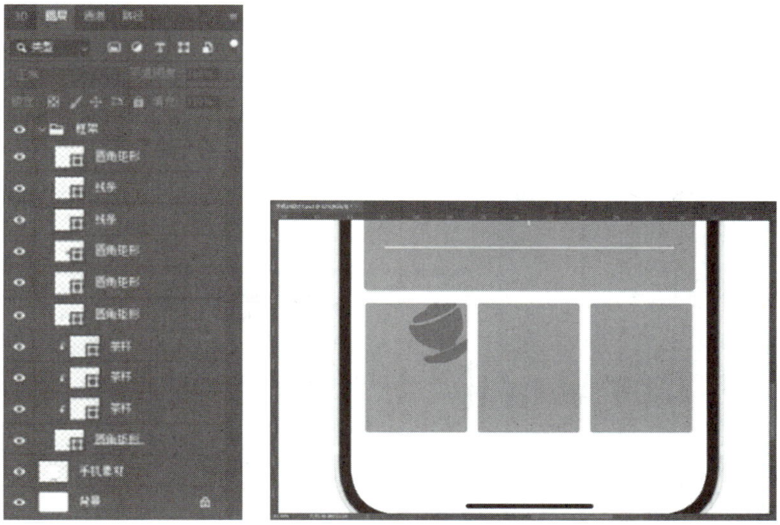

图 9-61　创建剪切蒙版

（2）制作 UI 界面

① 在【图层面板】最下面的工具栏中，单击【创建新组】，命名为上部分。选择“第九章 / 素材”置入图片素材，按【Ctrl+T】快捷键调整大小和位置，如图 9–63 所示。

图 9–62　创建多个剪切蒙版

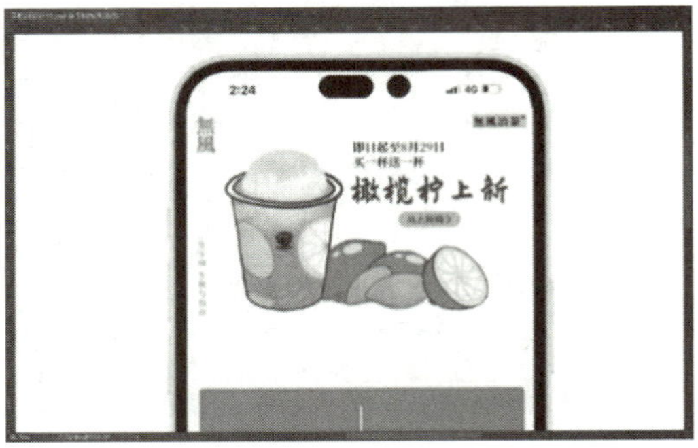

图 9–63　置入图片素材

② 选择【椭圆】工具，属性栏设置【形状】，按住【Shift】键绘制正圆，弹出【属性】对话框，设置如图 9–64 所示。

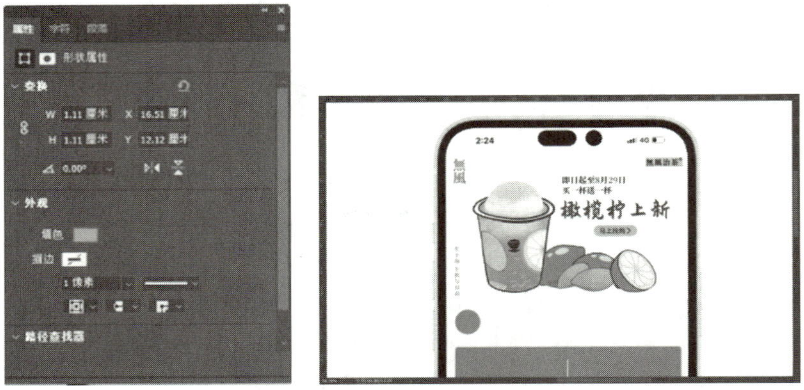

图 9–64　绘制正圆

③ 选择【矩形】工具，属性栏设置为【形状】，绘制圆角矩形，弹出【属性】对话框，设置如图 9–65 所示。执行同样操作绘制矩形，同时创建剪切蒙版，效果如图 9–66 所示。

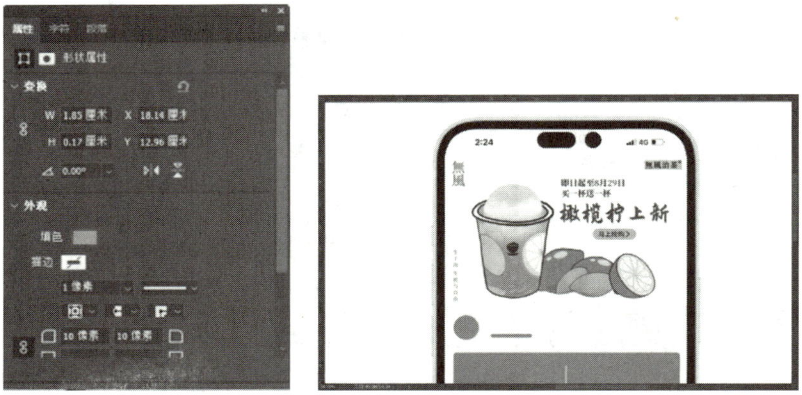

图 9–65　绘制圆角矩形

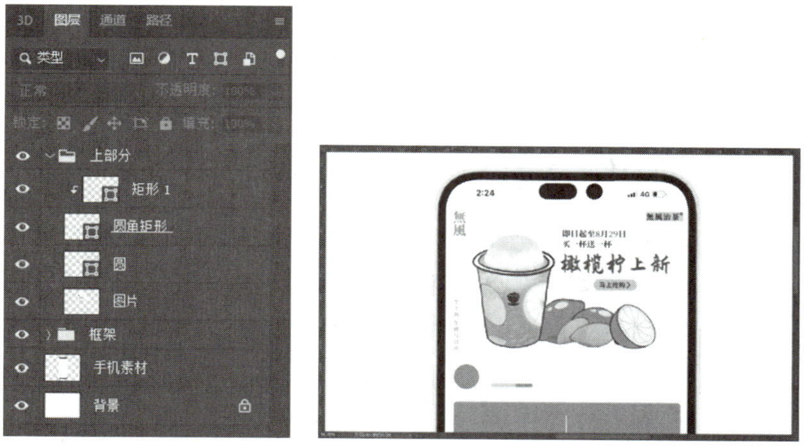

图 9-66　创建剪切蒙版

④ 设置前景色为黑色（R108、G110、B118），选择【横排文字】工具 T，分别输入文字“無風币”“無風券”“会员码”，设置【字体大小】8 点。输入相关数字，效果如图 9-67 所示。

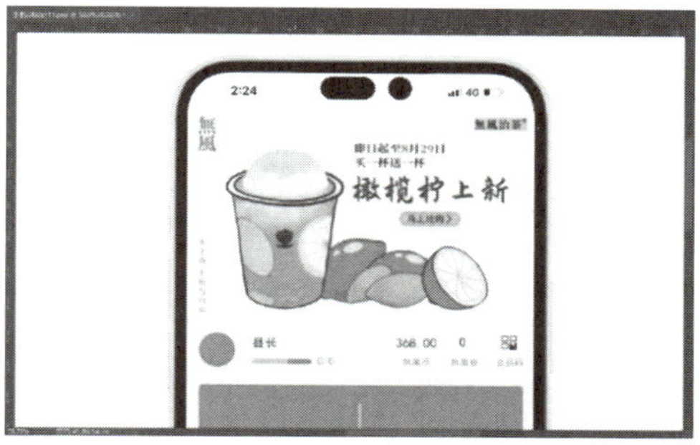

图 9-67　添加文字

⑤ 在【图层面板】最下面的工具栏中，单击【创建新组】，命名为中部分。选择【矩形】工具 ，属性栏设置为【形状】，绘制圆角矩形，弹出【属性】对话框，设置如图 9-68 所示。

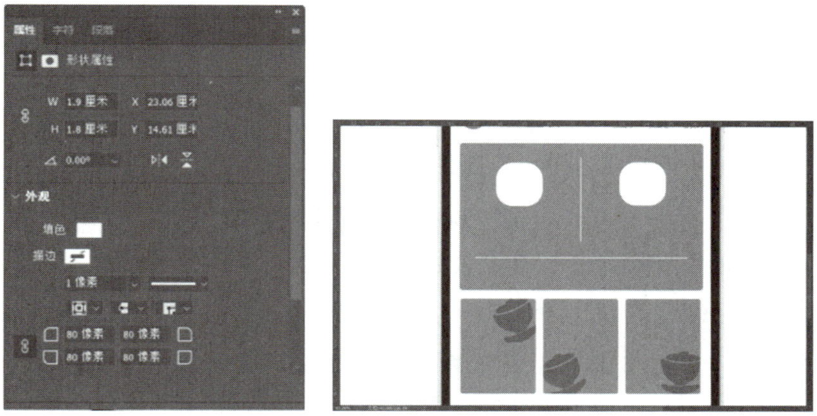

图 9-68　绘制圆角矩形

⑥ 选择“第九章 / 素材”置入图片素材，按【Ctrl+T】快捷键调整大小和位置。按住【Alt】键，单击图片【图层】创建剪切蒙版，如图 9–69 所示。

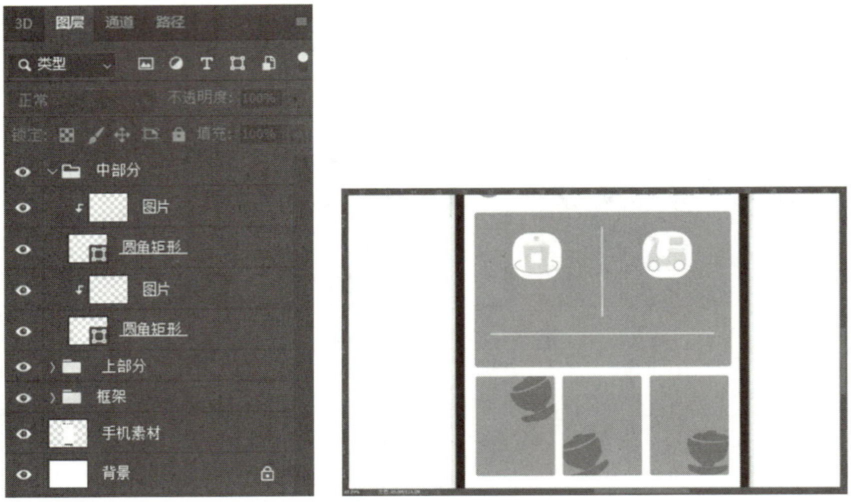

图 9–69　创建剪切蒙版

⑦ 设置前景色为黑色（R0、G0、B0），选择【横排文字】工具 T，输入文字“自取”“外卖”，设置【字体大小】16 点，如图 9–70 所示。在下方分别输入文字“预约点单，到店自取”“外卖下单，快递送达”，设置【字体大小】12 点，效果如图 9–71 所示。

图 9–70　输入文字

图 9–71　输入文字说明

⑧ 选择【自定形状】工具，属性栏设置为【形状】,【填充】绿色（R167、G121、B0），设置【形状】心形，绘制两个大小不同的心形，如图 9–72 所示。

⑨设置前景色为黑色（R0、G0、B0），选择【横排文字】工具 T，输入“一起喝”等文字，设置【字体大小】12 点，如图 9–73 所示。

⑩选择“第九章 / 素材”置入图片素材，按【Ctrl+T】快捷键调整大小和位置。选择【魔棒】工具，选取白色背景并删除，如图 9–74 所示。

图 9–72　绘制心形

图 9–73　输入文字

图 9–74　置入素材

⑪ 设置前景色为黑色（R0、G0、B0），选择【横排文字】工具 T，输入“無風的茶商城”“储值有礼”“無風团单”等文字，设置【字体大小】12 点，如图 9–75 所示。

⑫ 在【图层面板】最下面的工具栏中，单击【创建新组】，命名为下部分。选择“第九章 / 素材”置入图标素材，按【Ctrl+T】快捷键调整大小和位置。选择【魔棒】工具，选取白色背景并删除背景，如图 9–76 所示。

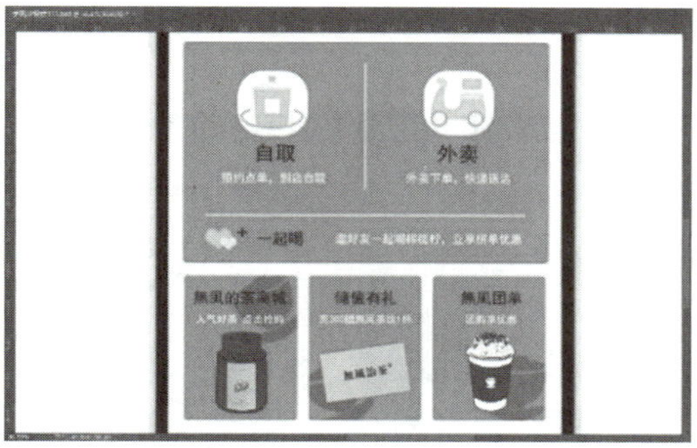

图 9–75　输入文字

图 9–76　置入图标素材

⑬ 设置前景色为灰色（R108、G110、B113），选择【横排文字】工具 T，输入“首页”“点餐”“订单”“我的”“结账”等文字，设置【字体大小】8 点，如图 9–77 所示。

(3) 处理 UI 排版

① 单击中部分【图层】，按【Ctrl+C】快捷键复制，按【Ctrl+V】快捷键粘贴，按【Ctrl+E】快捷键合并可见图层，双击【图层】，修改命名为图标。按【Ctrl+T】快捷键调整大小和位置，如图 9–78 所示。

图 9–77　输入文字

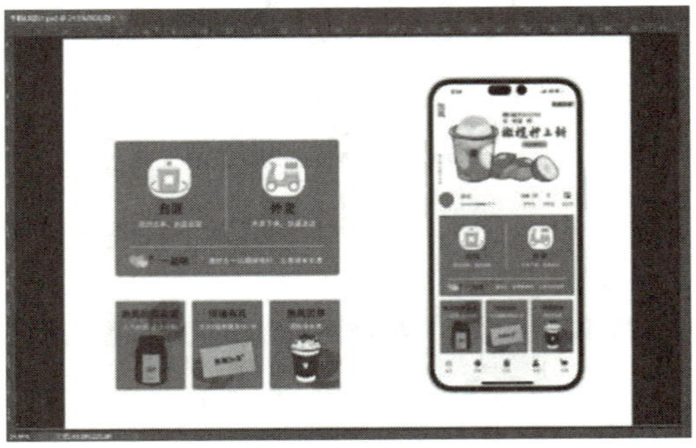

图 9–78　复制图层

② 选择【多边形】工具，属性栏设置为【形状】，绘制六边形，弹出【属性】对话框，设置如图 9–79 所示。

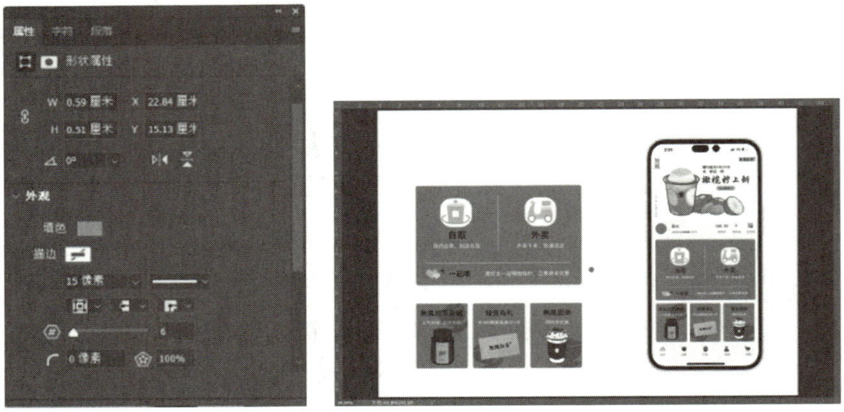

图 9–79　绘制六边形

③ 选择【钢笔】工具，属性栏设置【形状】，【描边】绿色（R80、G158、B106），设置 10 像素，如图 9–80 所示。

④ 设置前景色为黑色（R0、G0、B0），选择【横排文字】工具，输入“無風治茶手机 UI 设计”，设置【字体大小】46 点，如图 9–81 所示。执行同样操作输入其他文字，将字体调整至合适大小，最终效果如图 9–82 所示。

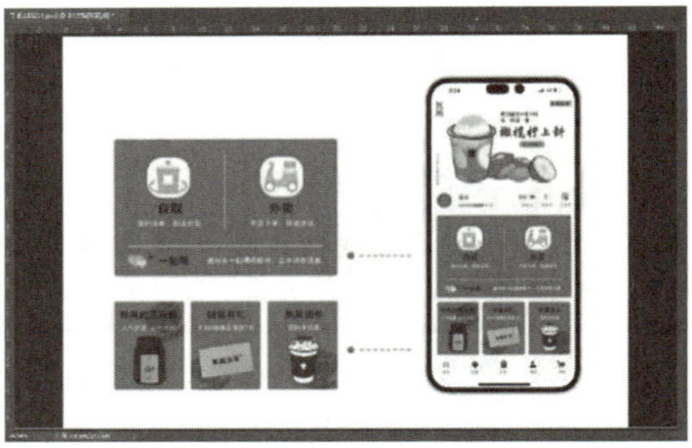

图 9–80　绘制虚线

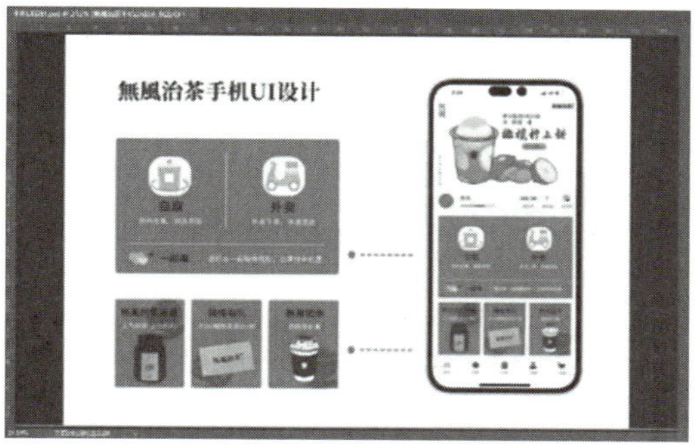

图 9-81　输入主题文字

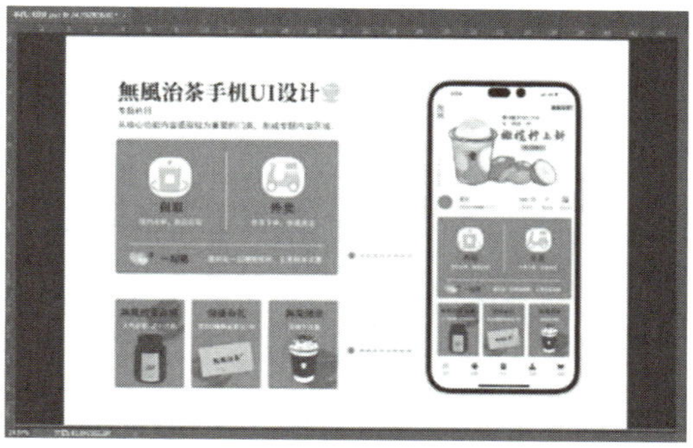

图 9-82　输入说明文字

（4）保存出图

先将文档存储为 PSD 文件，随后存储为 JPG 文件，将 JPG 文件质量调到最佳质量，导出最终效果图。

四、网店店招与导航设计项目

1. 项目实战描述

本任务为狗粮旗舰店设计店招与导航宣传，效果如图 9-83 所示。

2. 项目实战要点

使用渐变工具添加底图渐变，使用矩形工具、椭圆工具、钢笔工具和填充命令绘制图形，使用置入命令置入图片，使用橡皮擦工具制作视觉效果，使用文字工具添加文字信息。

图 9-83　网店店招与导航设计

3. 项目实战步骤

①启动 Photoshop 软件。自定义文档数值为宽 1 920 像素 × 高 800 像素，分辨率为 300 像素，RGB 模式，单击【创建】。

②在【图层面板】最下面的工具栏中，单击【创建新图层】，命名为绿色店招，设置前景色为绿色（R47、G170、B154），选择【矩形选框】工具绘制矩形，按【Alt+Delete】快捷键填充颜色，如图 9–84 所示。执行同样操作绘制导航，设置前景色为绿色（R69、G175、B139）效果。

图 9–84　绘制店招

③在【图层面板】最下面的工具栏中，单击【创建新图层】，命名为绿色通栏海报，设置前景色为绿色（R134、G218、B210），选择【矩形选框】工具绘制矩形，按【Alt+Delete】快捷键填充颜色，如图 9–85 所示。选择【画笔】工具，设置前景色为白色（R255、G255、B255），调整画笔大小和硬度，在绿色通栏海报【图层】上绘制白色光源，如图 9–86 所示。执行同样的操作创建和绘制另外一个灰色通栏海报【图层】，设置前景色为绿色（R207、G207、B207），填充后效果如图 9–87 所示。

④选择【钢笔】工具，属性栏设置为【形状】，绘制直线，【描边】绿色（R216、G238、B246），设置 2 像素，绘制多条直线并调整位置，如图 9–88 所示。

⑤选择“第九章 / 素材”置入宠物素材，按【Ctrl+T】快捷键调整大小和位置。选择【橡皮擦】工具将多余部分擦除，如图 9–89 所示。执行同样操作置入展台、产品、二维码、标志素材，调整大小和位置，效果如图 9–90 所示。

图 9–85　绘制绿色通栏海报

图 9–86　添加画笔效果

图 9-87　通栏海报最终效果

图 9-88　钢笔工具绘制直线

图 9-89　置入宠物素材

图 9-90　置入产品素材最终效果

⑥在【图层面板】最下面的工具栏中，单击【创建新图层】，命名为白色椭圆，设置前景色为白色（R255、G255、B255），选择【椭圆选框】工具绘制椭圆，按【Alt+Delete】快捷键填充颜色，调整角度，选择【矩形选框】工具将多余部分删除，如图 9-91 所示。

⑦在【图层面板】最下面的工具栏中，单击【创建新图层】，命名为白色圆，设置前景色为白色（R255、G255、B255），选择【椭圆选框】工具，按住【Shift】键绘制正圆，按【Alt+Delete】快捷键填充颜色，复制两个并调整位置，效果如图 9-92 所示。

图 9-91　绘制椭圆

图 9-92　绘制圆最终效果

⑧设置前景色为黑色（R0、G0、B0），选择【横排文字】工具 T，输入文字“中小型犬的肠胃护盾”，设置【字体大小】20，调整位置。单击属性栏【创建文字变形】—【变形文字】对话框设置参数，如图 9–93 所示。在【图层面板】最下面的工具栏中，单击【添加图层样式】—【投影】命令。弹出【投影】对话框，设置参数，单击【确定】，效果如图 9–94 所示。

⑨设置前景色为黑色（R0、G0、B0），选择【横排文字】工具 T，分别在店招、导航、通栏位置上输入相关文字信息，调整字体大小和位置，如图 9–95 所示。

⑩先将文档存储为 PSD 文件，随后存储为 JPG 文件，将 JPG 文件质量调到最佳质量，导出最终效果图。

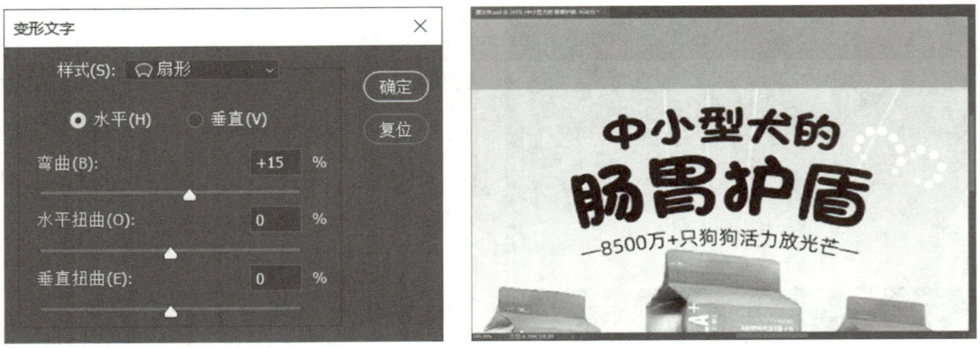

图 9–93　设置文字变形效果

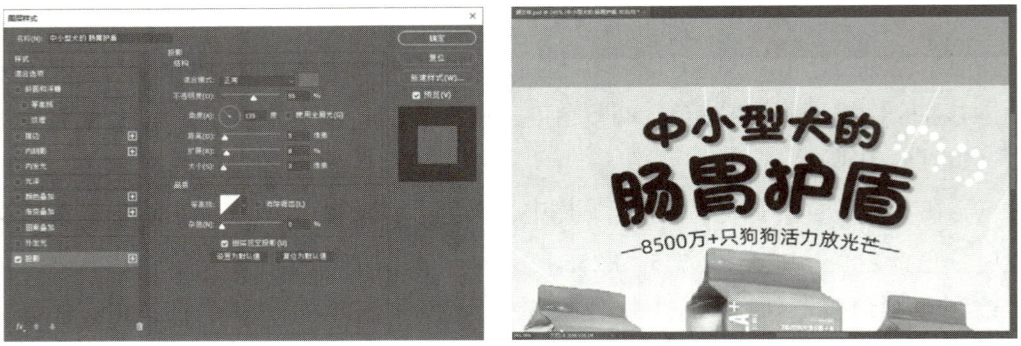

图 9–94　添加文字投影效果

图 9–95　文字信息最终效果

五、室内卧室效果图处理项目

1. 项目实战描述

本任务为后期处理调整室内卧室效果图，效果如图 9–96 所示。

图 9–96　卧室效果图后期处理

2. 项目实战要点

使用置入命令置入图片，使用魔术棒工具选取选区，使用加深工具、减淡工具修改效果图，使用色阶、曲线命令调整效果图，使用滤镜径向模糊命令制作效果图光束效果。

3. 项目实战步骤

启动 Photoshop 软件。在菜单栏中选择【文件】—【打开】，选择“第九章 / 素材 / 室内效果图”素材，单击【打开】按钮导入素材，效果如图 9–97 所示。

（1）处理卧室过道墙面

① 选择“第九章 / 素材”置入材质通道图素材，隐藏室内效果图素材【图层】，单击材质通道图【图层】，选择【魔棒】工具，框选过道墙面，如图 9–98 所示。隐藏材质通道图【图层】，显示室内效果图素材【图层】，按【Ctrl+C+J】快捷键复制【图层】，双击【图层】修改命名为过道墙面，如图 9–99 所示。

② 隐藏其他【图层】，显示过道墙面【图层】。按【Ctrl+L】快捷键弹出【色阶】对话框，设置【输出色阶】数值为 0、0.61、255，单击【确定】，效果如图 9–100 所示。

图 9-97　导入室内效果图素材

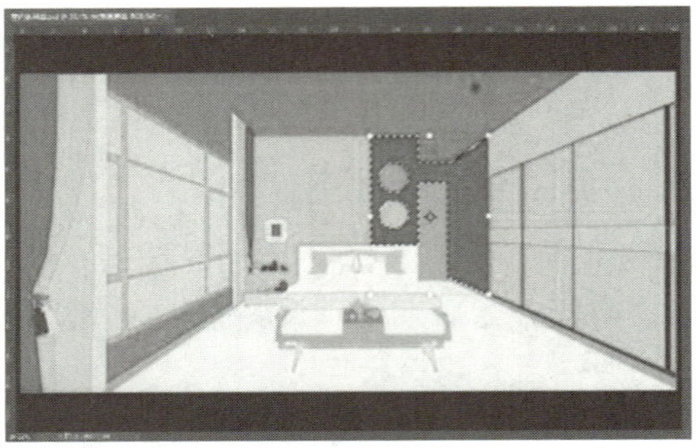

图 9-98　选取过道墙面

图 9-99　复制过道墙面

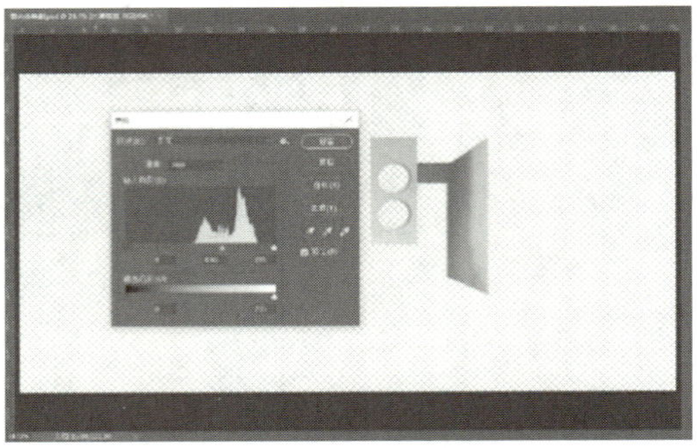

图 9-100　设置色阶参数

（2）处理卧室衣柜

① 隐藏所有【图层】，显示材质通道图【图层】，选择【魔棒】工具，框选衣柜，如图 9-101 所示。隐藏材质通道图【图层】，显示室内效果图素材【图层】。按【Ctrl+C+J】快捷键复制【图层】，双击【图层】修改命名为衣柜，如图 9-102 所示。

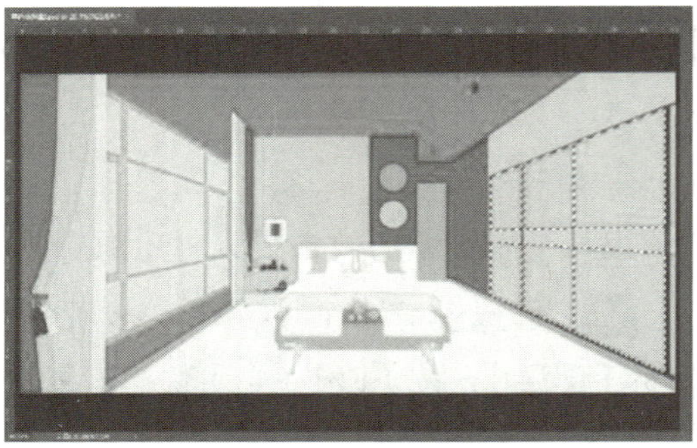

图 9-101　选取衣柜

图 9-102　复制衣柜

② 隐藏所有【图层】，显示衣柜【图层】，选择【加深】工具 并调整大小，对衣柜四周进行加深，效果如图 9-103 所示。

（3）处理卧室墙面

① 隐藏所有【图层】，显示材质通道图【图层】。选择【魔棒】工具，框选卧室墙，如图 9-104 所示。隐藏材质通道图【图层】，显示室内效果图素材【图层】。按【Ctrl+C+J】快捷键复制【图层】，双击【图层】修改命名为卧室墙，如图 9-105 所示。

图 9-103　加深衣柜效果

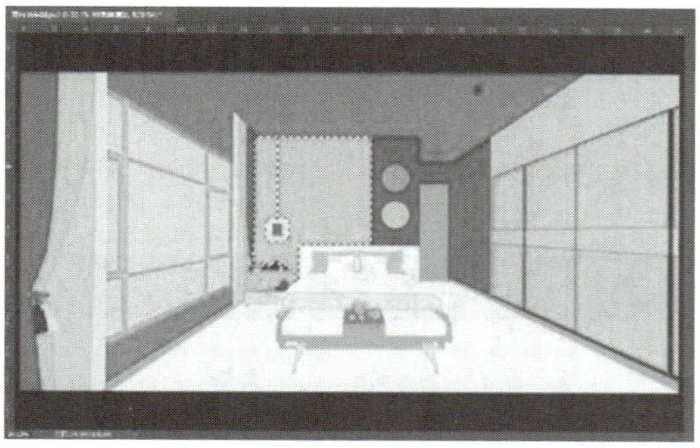

图 9-104　选取卧室墙

图 9-105　复制卧室墙

② 隐藏所有【图层】，显示卧室墙【图层】，选择【加深】工具并调整大小，对卧室墙四周加深，效果如图 9-106 所示。

③ 隐藏所有【图层】，显示材质通道图【图层】。选择【魔棒】工具，框选挂画，如图 9-107 所示。隐藏材质通道图【图层】，显示室内效果图素材【图层】，按【Ctrl+C+J】快捷键复制【图层】，双击【图层】修改命名为挂画，如图 9-108 所示。

④ 隐藏其他【图层】，显示挂画、室内效果图【图层】。单击挂画【图层】，按【Ctrl+L】快捷键弹出【色阶】对话框，设置【输入色阶】参数 0、0.46、255，单击【确定】，效果如图 9-109 所示。

图 9-106　加深卧室墙效果

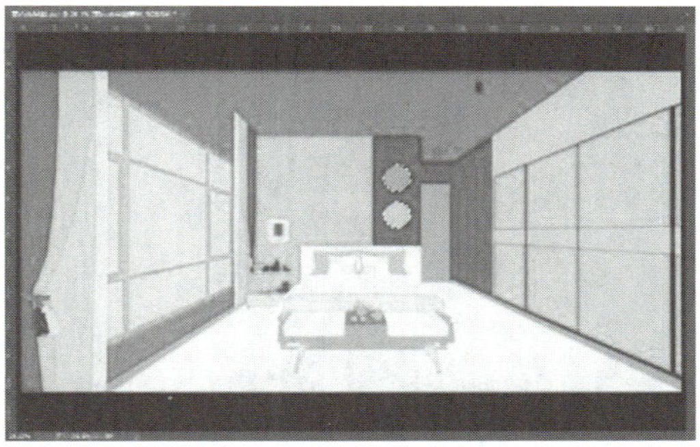

图 9-107　选取挂画

图 9-108　复制挂画

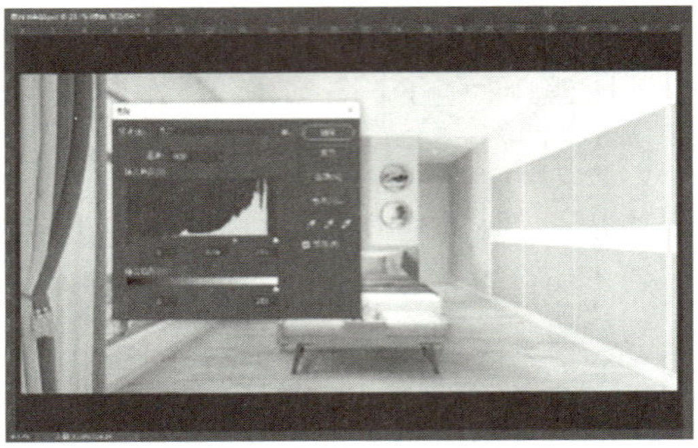

图 9-109　调整色阶

（4）处理卧室地板、踢脚线

① 隐藏所有【图层】，显示材质通道图【图层】。选择【魔棒】工具，框选地板，如图 9-110 所示。隐藏材质通道图【图层】，显示室内效果图素材【图层】。按【Ctrl+C+J】快捷键复制【图层】，双击【图层】修改命名为地板，如图 9-111 所示。

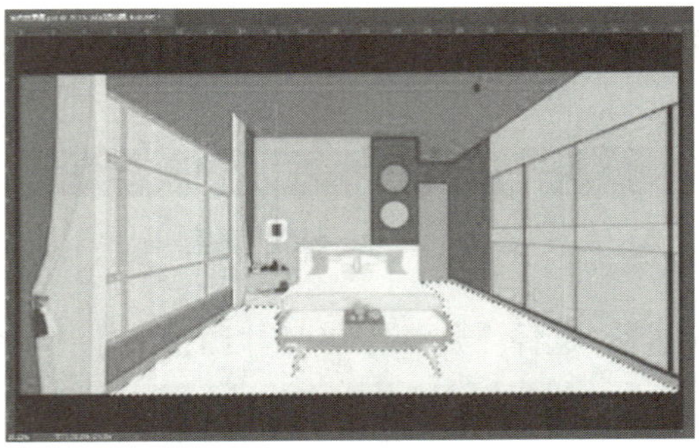

图 9-110　选取地板

图 9-111　复制地板

② 隐藏其他【图层】，显示地板、室内效果图【图层】。单击地板【图层】，按【Ctrl+L】快捷键弹出【色阶】对话框，设置【输入色阶】参数 16、0.7、223，单击【确定】，效果如图 9-112 所示。

③ 隐藏所有【图层】，显示材质通道图【图层】。选择【魔棒】工具，框选踢脚线，如图 9-113 所示。隐藏材质通道图【图层】，显示室内效果图素材【图层】。按【Ctrl+C+J】快捷键复制【图层】，双击【图层】修改命名为踢脚线，如图 9-114 所示。

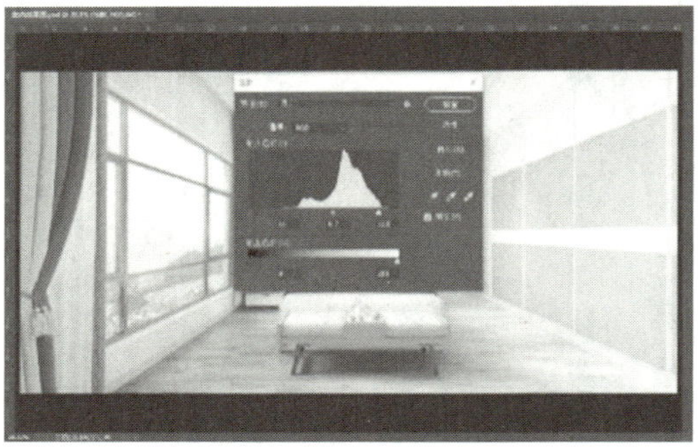

图 9-112　调整色阶

图 9-113　选取踢脚线

④ 选择【加深】工具并调整大小，对踢脚线效果进行适当加深，效果如图 9–115 所示。

图 9–114　复制踢脚线

图 9–115　加深踢脚线

（5）处理卧室窗景、窗帘

① 隐藏所有【图层】，显示材质通道图【图层】。选择【魔棒】工具，框选窗景，如图 9–116 所示。隐藏材质通道图【图层】，显示室内效果图素材【图层】。按【Ctrl+C+J】快捷键复制【图层】，双击【图层】修改命名为窗景，如图 9–117 所示。

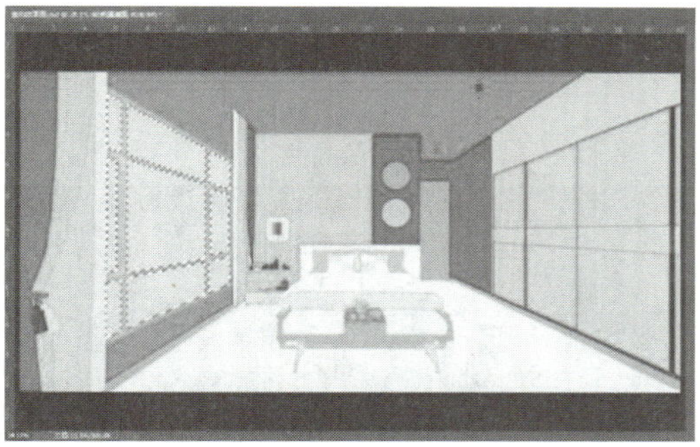

图 9–116　选取窗景

图 9–117　复制窗景

② 隐藏其他【图层】，显示窗景、室内效果图【图层】。按【Ctrl+M】快捷键弹出【曲线】对话框，设置【输入】132、【输出】45，单击【确定】，如图 9–118 所示。执行同样的操作选取窗帘，打开窗帘【曲线】对话框，设置【输入】29、【输出】11，单击【确定】，效果如图 9–119 所示。

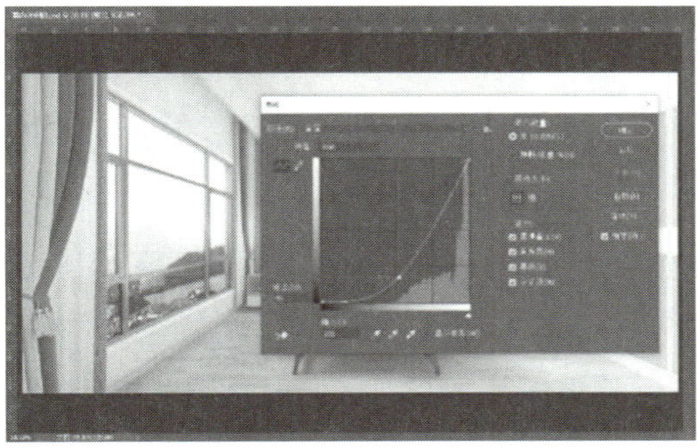

图 9–118　调整窗景曲线

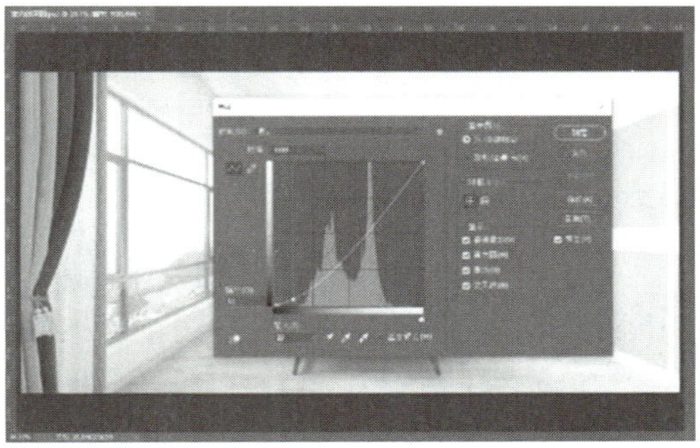

图 9–119　调整窗帘曲线

（6）处理卧室枕头、桌子

① 隐藏所有【图层】，显示材质通道图【图层】。选择【魔棒】工具，框选枕头，如图 9–120 所示。隐藏材质通道图【图层】，显示室内效果图素材【图层】。按【Ctrl+C+J】快捷键复制【图层】，双击【图层】修改命名为枕头，如图 9–121 所示。

图 9–120　选取枕头

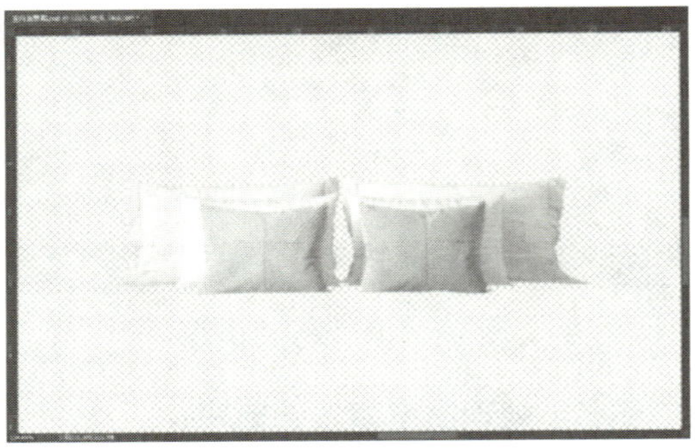

图 9–121　复制枕头

② 隐藏其他【图层】，显示枕头、室内效果图【图层】。按【Ctrl+L】快捷键弹出【色阶】对话框，设置【输入色阶】51、0.61、249，单击【确定】，如图 9–122 所示。执行同样的操作选取桌子，设置【色阶】—【输入色阶】60、1、215，单击【确定】，效果如图 9–123 所示。

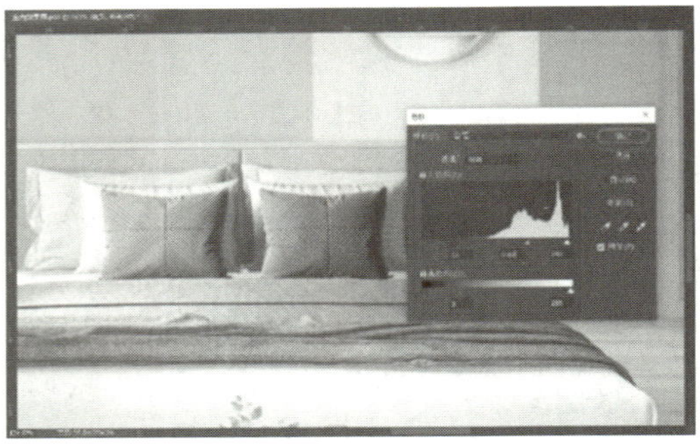

图 9–122　调整枕头色阶

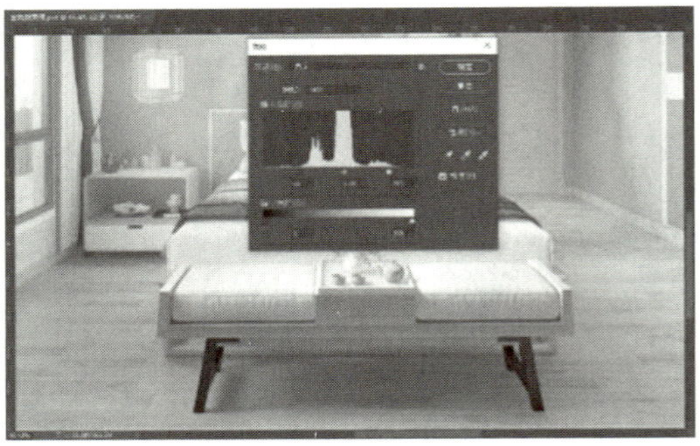

图 9–123　调整桌子色阶

（7）制作效果图卧室光束

① 单击图片【通道】，选择蓝色【通道】，如图 9–124 所示。按【Ctrl+A】快捷键后再按【Ctrl+V】快捷键，粘贴到【图层】。

② 按【Ctrl+L】快捷键弹出【色阶】对话框，设置【输入色阶】159、0.11、255，单击【确定】，如图 9–125 所示。

③ 选择【画笔】工具 ，设置前景色为黑色。设置【画笔】工具属性栏【不透明度】100、【流量】100，把多余部分涂抹为黑色，效果如图 9–126 所示。

④ 选择【画笔】工具，设置前景色为白色。设置【画笔】工具属性栏【不透明度】100、【流量】100，任意绘制大小不同的点，效果如图 9–127 所示。

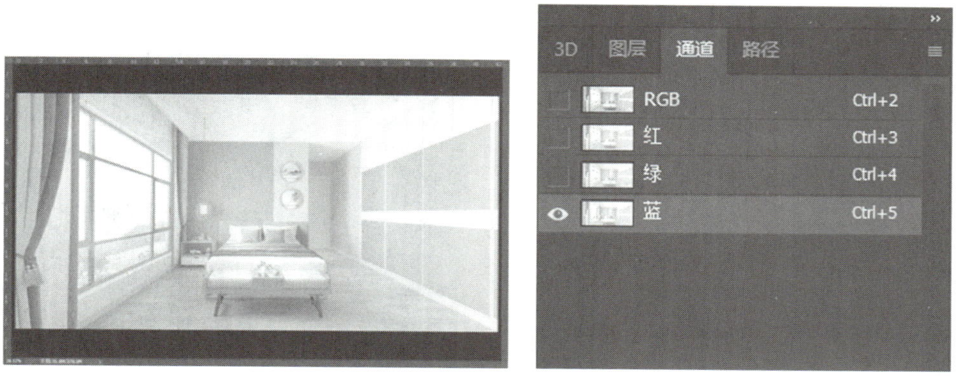

图 9-124　选择蓝色通道

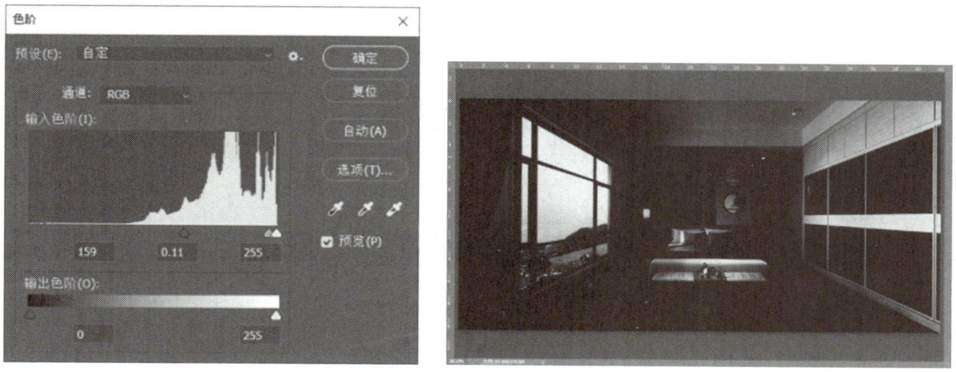

图 9-125　设置色阶参数

图 9-126　涂抹多余部分

图 9-127　画笔工具绘制圆点

⑤ 在菜单栏中选择【滤镜】—【模糊】—【径向模糊】命令，弹出【径向模糊】对话框，设置【数量】100、【模糊方式】缩放，单击【确定】，如图 9-128 所示。执行同样操作多次，效果如图 9-129 所示。

⑥ 单击光束【图层】选择，设置【图层】混合模式为【线性减淡】，旋转并调整好角度，效果如图 9-130 所示。

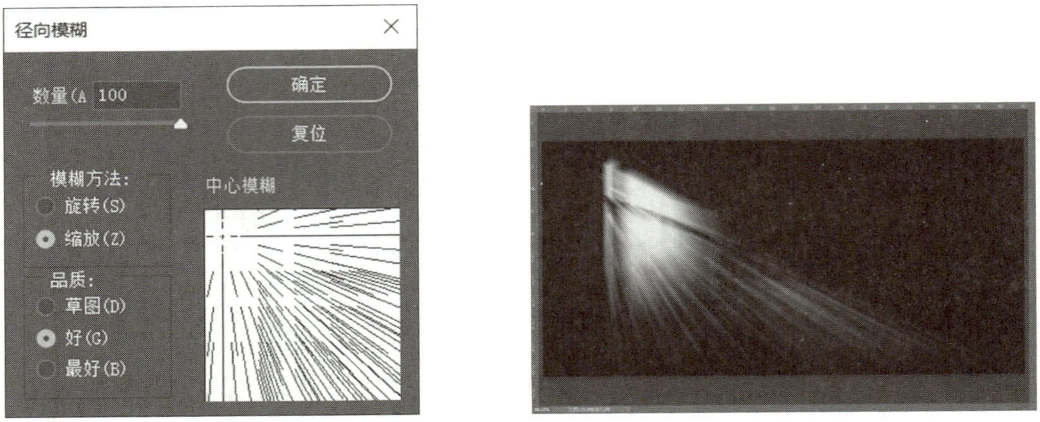

图 9-128　设置径向模糊

图 9-129　添加径向模糊效果

图 9-130　设置图层混合模式

⑦ 单击光束【图层】，选择【橡皮擦】工具 ，【橡皮擦】工具属性栏设置【不透明度】100%、【流量】100%、【平滑】50%，擦除多余的部分，效果如图 9-131 所示。

图 9-131　添加光束效果图

（8）添加效果图卧室人物

① 选择“第九章 / 素材”置入人物素材，按【Ctrl+T】快捷键调整大小和位置，如图 9-132 所示。

② 选择【矩形选框】工具 ，框选部分人物，按住【Ctrl+C+J】快捷键复制【图层】，命名为人物，如图 9-133 所示。

图 9-132　置入人物

图 9-133　复制人物

③ 在菜单栏中选择【滤镜】—【模糊】—【径向模糊】命令，弹出【动感模糊】对话框，设置【角度】0、【距离】57 像素，最终效果如图 9-134 所示。

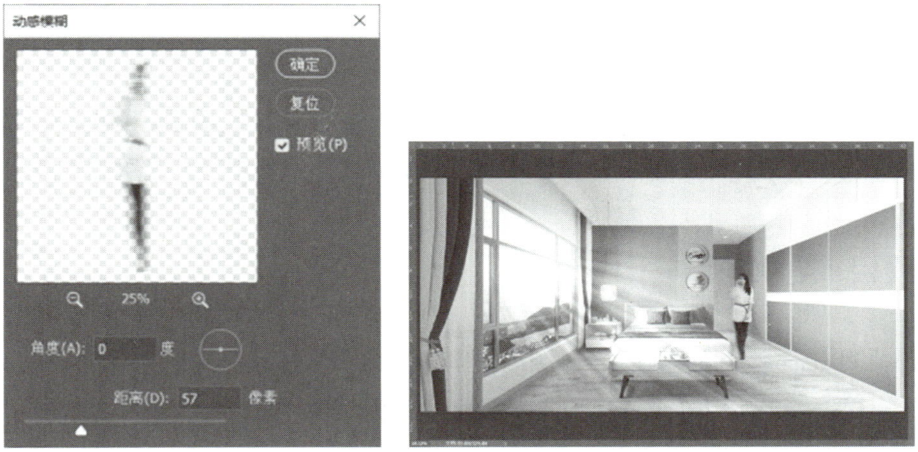

图 9-134　设置动感模糊

（9）保存出图

先将文档存储为 PSD 文件，随后存储为 JPG 文件，将 JPG 文件质量调到最佳质量，导出最终效果图。

六、公园景观效果图处理项目

1. 项目实战描述

本任务为后期处理调整公园景观效果图，效果如图 9-135 所示。

图 9-135　公园景观效果图处理

2. 项目实战要点

使用置入命令置入图片，使用不透明度修改图片效果，使用创建新的填充或调整图层添加图片效果，使用色阶、曲线命令修改图形效果，使用剪贴蒙版添加效果。

3. 项目实战步骤

启动 Photoshop 软件。在菜单栏中选择【文件】—【打开】，选择“第九章 / 素材 / 景观”素材，单击【打开】按钮导入素材，如图 9-136 所示。

（1）添加天空背景

选择“第九章 / 素材”置入天空素材，按【Ctrl+T】快捷键调整大小和位置，将天空【图层】放置在景观【图层】下方，效果如图 9-137 所示。

图 9-136　导入景观素材

图 9-137　置入天空素材

（2）添加一个高楼背景素材

选择“第九章 / 素材”置入高楼素材，按【Ctrl+T】快捷键调整大小和位置，将高楼【图层】放置在景观【图层】下面，效果如图 9-138 所示。

（3）添加树木

在【图层面板】最下面的工具栏中，单击【创建新组】，命名为树木 1，选择“第九章/素材”置入树木素材，按【Ctrl+T】快捷键调整大小和位置，如图 9–139 所示。执行同样的操作继续置入树木，【创建新组】树木 2，将树木 2 组放置到景观【图层】上方，效果如图 9–140 所示。

图 9–138 置入高楼素材

图 9–139 置入树木素材 1

图 9–140 置入树木素材 2

（4）制作湖泊

选择“第九章 / 素材”置入湖水素材，在【图层面板】最下面的工具栏中，单击【添加矢量蒙版】填充黑色。选择【画笔】工具，设置【画笔】大小，擦除不需要的部分，如图 9–141 所示。在【图层面板】最下面的工具栏中，单击【效果】—【曲线】命令，弹出对话框，设置【曲线】，效果如图 9–142 所示。

图 9–141　添加矢量蒙版

图 9–142　添加曲线

（5）添加湖泊绿植素材

① 选择“第九章 / 素材”置入湖草素材，按【Ctrl+T】快捷键调整大小和位置，如图 9–143 所示。执行同样的方法置入芦苇草等素材，调整素材大小和位置，使用【橡皮擦】工具擦除多余部分，效果如图 9–144 所示。

② 选择“第九章 / 素材”置入树木素材，按【Ctrl+T】快捷键调整大小和位置，如图 9–145 所示。在【图层面板】最下面的工具栏中，单击【效果】—【自然饱和度】命令，弹出对话框，设置【自然饱和度】–100，效果如图 9–146 所示。

图 9-143　置入湖草素材

图 9-144　置入芦苇草素材

图 9-145　置入树木素材

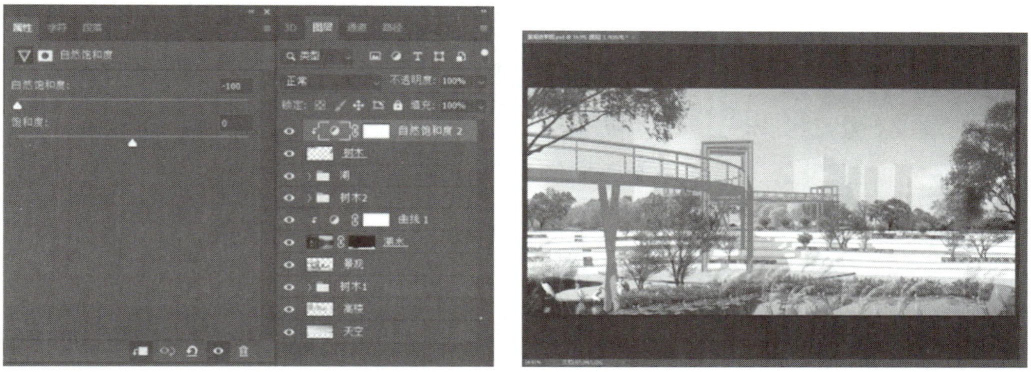

图 9-146　添加自然饱和度

（6）添加人物素材

① 在【图层面板】最下面的工具栏中，单击【创建新组】，双击组命名为人物。选择“第九章 / 素材”置入人物素材，设置前景色为黑色（R0、G0、B0），按住【Ctrl】键单击人物【图层】，按【Alt+Delete】快捷键填充颜色。按【Ctrl+T】快捷键调整大小和位置，设置【不透明度】40%，效果如图 9-147 所示。

② 在【图层面板】最下面的工具栏中，单击【创建新组】，双击组命名为鸟。选择“第九章 / 素材”置入鸟素材，按【Ctrl+T】快捷键调整大小和位置，效果如图 9-148 所示。

图 9-147 置入人物素材

图 9-148 置入鸟素材

（7）处理效果图色调

① 在【图层面板】最下面的工具栏中，单击【效果】，选择【可选颜色】命令，弹出对话框，设置【颜色】红色、【青色】2%，效果如图 9-149 所示。

② 在【图层面板】最下面的工具栏中，单击【创建新的填充或调整图层】，选择【曲线】命令，弹出对话框，调整【曲线】位置，效果如图 9-150 所示。

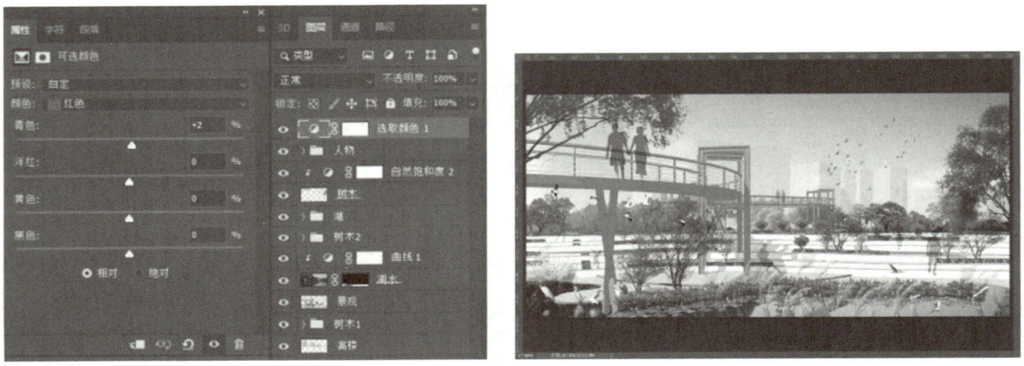

图 9-149 添加可选颜色

图 9-150 添加曲线

③ 在【图层面板】最下面的工具栏中，单击【创建新的填充或调整图层】，选择【自然饱和度】命令，弹出对话框，设置【自然饱和度】25，效果如图 9-151 所示。

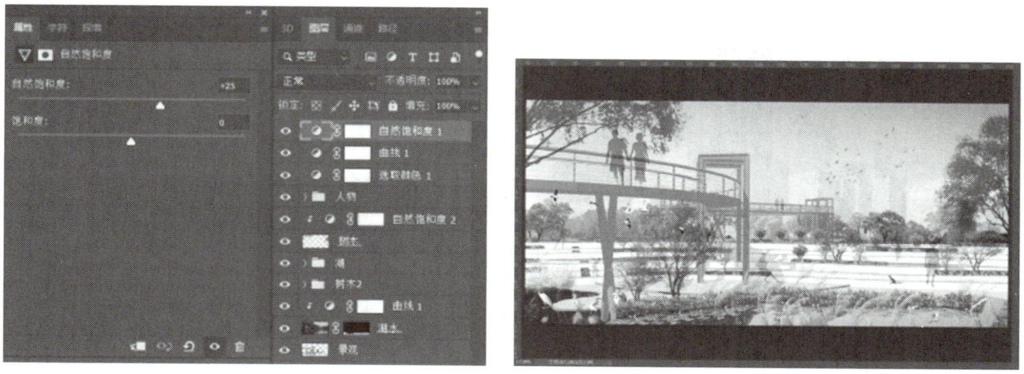

图 9-151　添加自然饱和度

④ 在【图层面板】最下面的工具栏中，单击【创建新的填充或调整图层】，选择【照片滤镜】命令，弹出对话框，设置【滤镜】Sepia、【密度】56%，效果如图 9-152 所示。

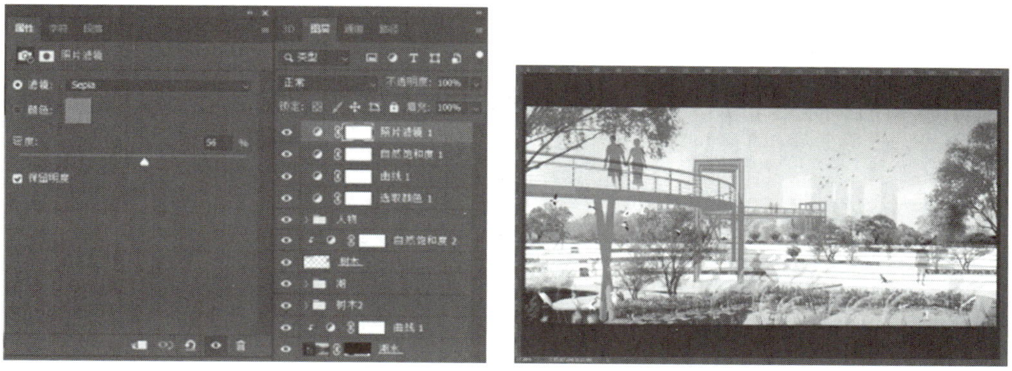

图 9-152　添加照片滤镜

⑤ 在【图层面板】最下面的工具栏中，单击【创建新图层】，选择【矩形选框】工具 ，绘制一个矩形，如图 9-153 所示。选择【渐变】工具 ，双击属性栏【可编辑渐变】，弹出【渐变编辑器】对话框。选择基础【前景色到透明渐变】，单击【确定】。由下而上拖曳，按【Ctrl+D】快捷键取消选区，【不透明度】设置为 30%，效果如图 9-154 所示。

图 9-153　绘制矩形

图 9-154　添加渐变效果

（8）保存出图

先将文档存储为 PSD 文件，随后存储为 JPG 文件，将 JPG 文件质量调到最佳质量，导出最终效果图。

参考文献

［1］陈维华，等 . Photoshop CC 图像设计与制作［M］. 北京：清华大学出版社，2018.

［2］胡斌斌，黎娅，苏大椿 . Photoshop 图形图像项目化教程［M］. 北京：水利水电出版社，2022.

［3］刘芳芳，李海生 . Photoshop 图像处理基础教程［M］. 郑州：黄河水利出版社，2022.

［4］刘庆，刘颖，李奇功 . Photoshop 项目化实用教程［M］. 北京：电子工业出版社，2025.

［5］刘万辉，司艳丽，孙重巧 . Photoshop 图像处理任务式教程［M］. 北京：人民邮电出版社，2023.

［6］梁维娜，梁逸晟 . Photoshop 图形图像处理应用教程［M］. 北京：清华大学出版社，2020.

［7］数字艺术教育研究室 . 中文版 Photoshop CS6 基础培训教程（第 3 版）［M］. 北京：人民邮电出版社，2023.

［8］鱼子匠教育 . 零基础 Photoshop CC 从入门到精通［M］. 广州：广东人民出版社，2021.

［9］周建国，马莹莹 . Photoshop CC 核心应用案例教程［M］. 北京：人民邮电出版社，2019.

［10］宗林，陈照国，耿雪莉 . Photoshop CC 中文版标准教程［M］. 北京：中国轻工业出版社，2019.

［11］瞿颖健 . 中文版 Photoshop 2024 完全案例教程［M］. 北京：水利水电出版社，2024.